KB115056

세계의 부엌 탐험

부엌은 소행성이다

부엌은 소행성이다

발행일 2022년 9월 16일

지은이 오카네야 미사토 번역 김은진
펴낸이 김은진
펴낸곳 나나 문고
출판등록 2021년 12월 3일 제382-2021-000036호
주소 경기도 의정부시 동일로747번길
이메일 nanamunko.pub@gmail.com
SNS instagram.com/nanamunko/
https://brunch.co.kr/@gakugei

편집/디자인 (주)북랩
제작처 (주)북랩 www.book.co.kr

ISBN 979-11-979909-3-9 03980 (종이책)
979-11-979909-2-2 05980 (전자책)

세계의 부엌 탐험

부엌은 소행성이다

배낭 메고 떠나서 지구촌 부엌에 들어가 보자! 가이드북에는 없는 만남!

World of Kitchens

지은이 오카네야 미사토

옮긴이 김은진

아시아, 유럽, 중남미, 아프리카, 중동까지
각국 가정집의 요리를 체험하고
그들의 실생활을 함께하는 여행 에세이

한국의 독자분들에게

독자 여러분, 안녕하세요.

제 책이 해외에서는 처음으로 한국에 소개되어 여러분과 만날 수 있게 되었습니다. 진심으로 반갑고 감사합니다.

일본에서 한국 요리는 인기가 있습니다. 최근에는 한국의 식재료나 과자 등도 눈에 띄게 많이 수입되고 있습니다. 저도 한국 음식을 좋아해 종종 친구들과 한국 음식점에 가곤 합니다. 하지만, 한국 음식점에서 먹는 비빔밥, 삼겹살, 삼계탕만으로는 한국 여러분들의 실생활이 느껴지지 않습니다.

레스토랑에 가면 세계 각국의 요리를 편하게 먹을 수 있는 시대입니다만, 현지의 실생활과 사람들의 스토리를 읽어 낼 수 없습니다. 부엌 탐험의 재미있는 점이 여기에 있습니다. 한발 깊숙이 들어가 가정의 부엌에 눈을 돌리면, 거기에는 요리와 연결되는, 그 땅의 삶과 그 사회의 지나온 여정이 비춰집니다.

가정 요리의 여행을 통해서, 이 세계가 조금이라도 가깝게 느껴진다면 더할 나위 없이 기쁘겠습니다.

머지않은 언젠가 한국의 부엌에서, 여러분의 삶과 스토리와 만나기를 희망하면서….

오카네야 미사토 올림

세계 각국의 사람들은 지금, 무엇을 먹고 있을까요?

안녕하세요. '세계의 부엌 탐험가' 오카네야 미사토입니다. 세계 각지 가정의 부엌을 방문해서 현지인들과 같이 요리를 만드는 일을 하고 있습니다. 특별히 호화스러운 음식이 아닌, '평범한 요리'입니다. 맛집의 취재도 아니고, 길거리의 먹방도 아니며, 요리 연구 또한 아니고, 전문 기술을 습득하기 위한 훈련도 아닙니다. 요리를 통해서 현지인들을 만나고, 그들의 생활을 접해 보고 싶어서 세계의 부엌을 찾아다니고 있습니다.

탐험의 횟수가 늘어나면서, 세계 각지의 부엌에서 만들어지는 다양한 음식과 만났습니다.

인도네시아 산간 마을의 가정에서는 부드럽고 달콤하면서도 짭조름한 밥도둑 '코코넛 반찬' 만드는 법을 배웠고, 중동의 팔레스타인에서는 고기와 야채를 케이크처럼 층층이 쌓아서 밥을 짓는 무클루바Maqluba에 가족들과 함께 환호했습니다. 그리고 남미 콜롬비아에서는 폭신폭신한 거품의 핫 초콜릿 조식에 감동했었습니다.

그 땅의 삶을 반영한 다양한 요리와 만나고, 방문할 때마다 깨닫는 새로운 발견에 매번 흥분하곤 한답니다. 하지만 단 한 가지, 언제나 변함없는 것 또한 존재합니다. 그것은 맛있는 음식의 주변에는 너 나 할 것 없이 사람들의 얼굴에 웃음꽃이 활짝 피며, 쾌활한 웃음소리가 넘쳐난다는 것입니다. 그리고 그 식탁은,

프로 요리사가 아닌 일상을 사는 '평범한 사람들'이 만들어 내고 있었습니다. 그들과 같은 식탁에 둘러앉아서, 그 어떠한 환경 속에서도 행복한 미소를 만들어 내는 힘있는 손을 바라보고 있노라면, 머릿속으로 고민하고 있었던 문제들도 '내 손으로 어떻게든 해 봐야지.' 하는 자신감이 스멀스멀 살아납니다.

국적과 언어는 달라도, 야채를 다듬고 있던 손으로 이렇게 저렇게 손짓을 해 가며 의사를 전달하면, 나름대로 소통이 되고, 그냥 한 사람의 인간으로서 그들과 같이 존재할 수 있는 부엌의 한구석은, 제가 제일 좋아하는 장소입니다.

또한, 대화를 나누며 냄비를 젓고 있으면, 냄비 안의 재료나 손에 쥔 도구로부터, 요리나 부엌으로 연결되는 그 사회상의 양상까지도 비쳐 보입니다. 부엌에는 그곳에서 살고 있는 사람들과 그들이 속해 있는 지역이나 사회의 지나온 여정이 고스란히 축적되어 있습니다.

이 책에는 세계의 부엌에서 만난 '맛있는 미소'와 사람들의 스토리가 담겨 있습니다. 부엌을 통해서, 현지인들 한 사람 한 사람의 생활을 피부로 느끼는 여행을 저와 함께 즐겨 주신다면 더없이 행복하겠습니다. 또한, 에피소드의 중간에 현지의 가정에서 배운 레시피 열세 개를 게재했습니다. 조리법과 재료는 가능한 한 배운 방법을 그대로 적용해, 각 가정에서도 만들기 편하도록 조절했습니다. 에피소드를 읽는 도중에 배에서 꼬르륵하는 신호가 들리면 꼭 한번 만들어 보시길 권해요.

자, 그럼, 세계 각지의 '행복한 미소를 자아내는 부엌 탐험'을 저와 같이 떠나 보시지요!

Contents

아프리카의 부엌

중동의 부엌

부엌에 흥미를 갖게 된 동기

식탁에 둘러앉으면 모두의 얼굴이 환해진다

"어렸을 때부터 요리하는 걸 좋아했나요?"

세계의 부엌을 방문하는 일을 하고 있다고 하면, 사람들이 자주 묻곤 한다. 그러나 내가 요리를 하기 시작한 것은 대학생 때 자취 생활을 할 때였다. 어렸을 때부터 요리를 한 것도 아니었고, 먹는 것을 좋아하는 편도 아니었다.

어렸을 때의 식탁에는 같이 살고 계셨던 할머니와 어머니가 만드신 음식들이 올라왔다. 먹는 걸 좋아하는 아이는 아니었지만, 저녁 식사 시간은 항상 기다려졌다. 학교에서 안 좋은 일이 있거나, 부모님한테 혼났을 때에도, 할머니가 언제나 나의 이야기를 들어 주셨기 때문이다.

고등학생이 되면서 세계 각지의 생활에 대한 흥미가 생기기 시작했다. 계기가 된 것은 지리 수업. 선생님께서 말씀해 주시는 세계는 너무도 다양했고, 가 본 적이 없는 토지의 생활을 상상하는 것이 즐거웠다.

요리가 가지고 있는 힘에 대해 자각하기 시작한 것은 대학생 때 아프리카 케냐에 머무르고 있을 무렵이었다.

대학에서의 전공은 토목공학. 국제 협력에 일조하고 싶다는 마음으로, 인프라를 만드는 기술자로서 세계 각국을 누비며 일하는 것을 꿈꾸었다. 어떻게 해서든 해외로 나가고 싶다는 생각에 유학 시절 중 국제 인턴십에 응모해, 케냐의 프로젝트 현장에서 일하는 기회를 손에 넣었다. 케냐에서는 8인 가족의 농가에서 신세를 지면서, 콩 가공 공장 건설에 참가하고 있었다. 일도 물론 재미있었지만,

현지의 가족들과도 즐거운 나날을 보내고 있었다. 현지의 어머니께 호박잎 먹는 방법을 배우기도 하고, 소년과 나무 위에서 숙성된 아보카도에 설탕을 뿌려 간식으로 먹기도 하는 등, 그 지역 나름의 생활에 푹 빠져 있었다.

그러던 어느 날, 갑자기 마을의 중심부를 관통하는 대형 도로의 건설 계획이 알려진다.

빨간 테이프가 붙여지고, 시장도 학교도 집들도 퇴거 명령을 받았다. 자신들의 생활이 파괴되어 버리는 것에 마을 사람들은 분개하고, 슬퍼하며, 당황스러워하는 등, 그들의 생활이 격변했다. 나라 전체로서는 물류가 원활해져 경제가 발전되는 일이지만, 내 눈앞에 있는 사람은 누구 하나 기뻐하는 이가 없었다. 발전의 이면에서 사람들을 불행하게 만드는 현실에 직면하게 되니, '이러한 일이 내가 진정으로 하고 싶어 했던 일이었던가' 하는 생각에 혼란스러웠다. 희생 없이 누구나 행복해지는 길은 없을까? 하는 생각에 몰두한 채 시간이 흘렀다.

하지만, 그러한 나날 속에도 가족들 모두가 행복한 미소를 보이는 순간이 존재했다. 그것은 저녁 식사를 위해 모두가 테이블을 둘러싸고 모여 앉은 시간. 도로 개발에 분개하고 있어도, 그다지 특별한 음식이 아니어도 손수 만든 음식을 먹으며 가족과 보내는 시간에는 모두 행복한 얼굴을 하는 것이었다. 이 잠깐 동안의 안심감이 나 자신의 어린 시절 식탁의 기억과 중첩되면서, 나라를 건너고 바다를 건너서, '식탁에서의 행복은 세계 어디서나 공통이다!'라는 것을 절실히 느끼는 순간이었다.

'부엌 탐험' 여행의 이유?

부엌은 삶의 모든 것이 묻어나는 장소

마음대로 되지 않는 것이 태반인 세상살이에서 자신의 손으로 누군가의 행복한 미소를 만들어 낼 수 있으며, 그 누구도 불행하게 만들지 않는 공간. 케냐의 경험을 통해서 세계의 누구나가 평등하게 행복해질 수 있는 '요리의 힘'을 깨닫게 되었다. 그 후 대학을 졸업하고 취업하기로 정한 곳은 토목공학이 아닌 요리 관련 회사. 그리고 직장 생활을 하면서 틈틈이 세계의 '부엌 탐험'을 위한 여행을 이어 갔다.

여기서 잠깐, '부엌 탐험'의 방법에 대해 간단하게 설명한다. '부엌 탐험'은 보통의 가정을 방문해서 가족들과 같이 요리를 하는 것이다. 세계 여러 나라의 다양한 삶 중에서 한 가정의 요리와 만나는데, 방문처를 정하는 방법은 거의가 현지와 연결되어 있는 지인들의 소개다. '이 나라의 이 요리를 알고 싶다'는 목적이 처음부터 있는 것이 아니라, 어쩌다가 전해 들은 이야기 속에서 '도대체 어떤 음식을 먹으며 생활하고 있는 걸까?' 하는 호기심이 생겨난다. 그리고, 그곳에 너무가 보고 싶어서 참을 수가 없게 되면, '나의 방문을 허락해 줄 사람이 있을까?' 하고 방문처를 찾기 시작함과 동시에 나의 여행은 시작된다.

방문 전에 조사하는 것은 그 나라의 역사와 기후 정도. 지식을 처음부터 너무 많이 쌓으면 잘못된 편견을 굳히기 십상이라고 생각하기 때문이다. 그러나 지금까지 살면서 조금씩 축적된 지식도 있고, 나도 모르게 만들어 버린 이미지도 있을 것이다. 그런 것은 그런 것 그대로를 인정한 채, 현지에서 체험하는 현실과

의 간극을 통해서, '나도 모르게 잘못된 이미지를 고착화시켰었구나' 하고 자각하는 것 자체를 즐기고자 한다.

현지의 가정을 소개받으면 홈스테이를 하는데, 그 나라와 가정의 형편에 따라 실현되지 않는 경우도 있지만, 되도록 2~3일은 묵고 있다. 장보기에 따라나서기도 하고 이웃의 아이들과 산보를 하기도 한다. '식'과 연결되는 자연스러운 일상을 같이 하는 경험을 통해서, 식사 시간만으로는 보이지 않는, 요리가 가지고 있는 의미가 또 다른 시각으로 비쳐 보이기도 한다. 요리는 식사를 만드는 한 시간으로 완결되는 것이 아니라 생활의 일부이기 때문이다.

그리고 일본으로 돌아와 2개월 정도 지나면, 다시 떠나고 싶어진다. 어째서 그토록 떠도는 것을 즐기는지 나 자신도 모르겠다. 다만, 가족 관계를 넘어서 다른 누군가를 반겨 맞이해 주는 식탁과, 특별한 목적 없이 사람들이 들락날락거리는 부엌은 편리하고 효율적인 동경의 생활에서 마음 한구석에 휑하니 뚫려 버린 구멍을 따뜻하게 메워 주는 것만 같다. 그냥 나를 허락해 주는 부엌의 한쪽 구석이 그리워서 어딘가 나를 반겨 줄 곳을 찾아다니고 있는지도 모르겠다.

사람들의 행복한 미소가 흘러나오고, 그 땅의 삶과 공기가 잔뜩 배어 있으며, 살아가는 모든 것이 응축되어 있는 장소! 세계의 부엌의 매력에 홀리어 나의 발걸음은, 한 걸음 한 걸음 또 다른 부엌을 향해 이어진다.

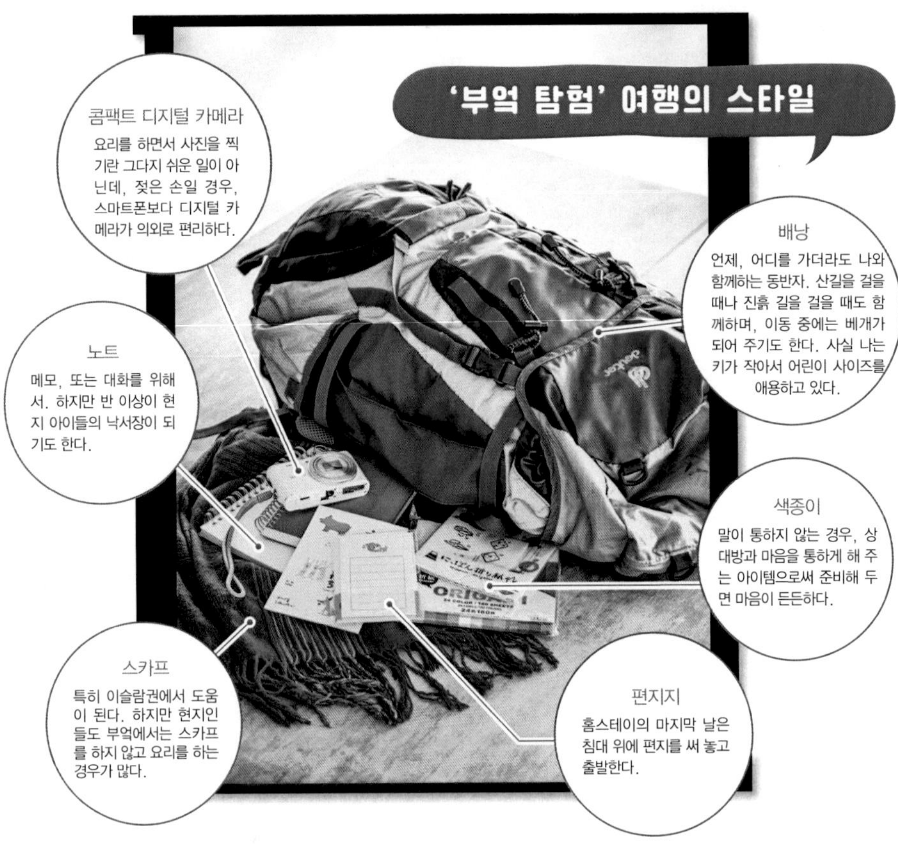

현지의 가정에 자연스럽게 동화되기 위한 복장과 아이템

체격이 작은 편인 나는, 내 몸으로 짊어질 수 있는 짐의 양이 그리 많지 않다. 갈아입을 옷과 현지인들에게 줄 선물용 과자를 애용하는 40리터 배낭에 넣고 나면 절반 이상이 차 버린다. 나머지 반은 현지의 가족들과 가까이 지내기 위한 아이템들. 하나하나 배낭에 채워 넣으면서, 찾아갈 곳의 생활과 현지의 가족과 보내게 될 시간들을 상상하며 기대를 한껏 부풀린다. 복장은 동남아시아의 시장에서 산 얇은 바지와 인도네시아에서 2,000원에 산 샌들을 주로 착용한다. 가는 나라에 따라 다르기도 하지만, 마음 편한 복장으로 방문하는 편이 쓸모없는 벽을 만들지 않고 자연스럽게 받아들여지는 것 같다.

"엄마는 어디 가셨니? 설마 혼자 온 거야? 정말 씩씩하다!"

입국 심사 때 자주 듣는 이야기다. 키 148센티미터의 나는 어린이로 착각되는 경우가 종종…. 하지만 그 덕분에 주변 사람들이 친철하게 배려해 주는 따뜻한 분위기 속에서 여행이 시작된다.

아시아의 부엌
Asian Kitchen

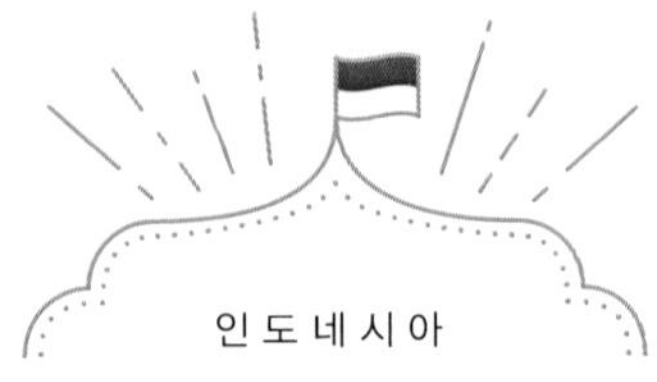

사방의 향기에 둘러싸여 만드는 코코넛오일

인도네시아의 깊은 산속 마을에서

인도네시아를 지도에서 가리키는 것은 쉽지 않다. 1만 3,000개가 넘는 섬으로 이루어져 있다고 한다. 해외 방문객에게는 자바섬과 발리가 2대 관광지로 알려져 있지만, 내가 방문한 곳은 술라웨시Sulawesi라는 섬. 수도 자카르타에서 동쪽으로 1,000킬로미터 떨어져 있으며, 알파벳 K 자 모양을 하고 있다. 적도 바로 밑의 이 섬에서 카카오 재배 프로젝트를 하고 있다는 분을 동경에서 만나게 됐다. 그분과 대화하는 과정에서 현지의 실생활에 대한 흥미가 솔솔 생겨나기 시작했고, "혹시 홈스테이가 가능한 곳이 있나요?"라고 물어 방문할 곳을 정할 수 있었다.

나라타에서 자카르타까지 날아가, 비행기를 갈아타고 술라웨시섬으로 향했다. 비행기에서 내린 곳은 마카사르Makassar라는 도시이며, 이곳에서 다시 산길을 따라 차로 일곱 시간 걸려서 도착한 곳이 목적지인 마레레Malele라는 마을이다. 마레레의 표고는 약 1,000미터이며, 일찍이 커피 재배로 유명했던 지방이다. '인도네시아' 하면 떠오르는 건 교통 체증과 파란 바다뿐이었는데, '내가 알지 못하는 인도네시아'와 만난다는 기대에 두근두근 설레어 왔다. 도착한 시간이 한밤중이어서 홈스테이로 정한 스할딘 씨의 집에 도착하니 일가족이 모두 잠들어 있었다.

다음 날 아침, 스할딘 씨와 부인 누루화와티 씨에게 예의를 갖추어서 인사했다. 스할딘은 마을의 중심인물 같았고, 항상 바쁜 듯 집을 비웠으며, 머무르는 기간 중에는 누루화와티(모두가 '이브'라고 부르기에 나도 따라했다. 인도네시아어로는 '엄마'라는 뜻)와 같이 시내는 경우가 많았다. 그리고 열일곱 살의 딸 아이눈은 수줍음이 많아서 항상 한 걸음 물러선 곳에서 웃고 있었다.

아침에 일어나서 밖에 나가 보니, 산속에 둘러싸여 있었다. 교통 체증과 파란 바다는 보이시 않는나.

마을 사람들의 부엌은 꽤 개방적이다. 지나가던 이웃이 가담해 수다를 떨면서 같이 요리를 한다.

집 바로 옆에는 카카오밭이 펼쳐져 있다. 적갈색의 길쭉한 카카오 열매cacao pod를 깨 보면, 안에는 희고 부드러운 과육(펄프pulp)에 둘러싸인 아몬드 크기의 씨앗(카카오 콩)이 가득 차 있고, 이를 발효한 것이 초콜릿의 주원료가 된다. "한번 먹어 봐."라며 건네준 카카오 콩을 하나 입에 넣었다. 부드러운 과육은 리치처럼 달았고, 초콜릿이라고는 상상할 수 없는, 깜짝 놀랄 만큼 향긋한 과일 맛이 난다. 하지만 이 과육은 발효에 필요하기 때문에 생산자인 그들은 평소 먹지 않는다고 한다.

길가에는 발효가 끝난 카카오 콩이 넓직하게 자리를 차지한 채 건조되고 있었고, 집 주변에는 카카오뿐만 아니라, 후추, 정향, 바닐라 등의 많은 상업용 작물들이 재배되고 있었다. '향신료는 원래 이런 모습으로 자라는구나' 하는 생각도 들고, 마치 '식용의 식물원' 안에 들어와 있는 듯한 기분이다.

코코넛오일 만들기

이날 아침 식사는 큰 접시에 담긴 흰밥, 구운 생선, 그리고 전날 저녁의 메뉴였을 거라고 생각되는 생선 수프. 그 옆에 다소 존재감 없이 놓인 고기 소보로의 맛이 의외로 감동적이었다. 보송보송한 식감으로 입 안에 달콤함이 퍼지면서 감

카카오 콩을 옥상에 널고 있는 스할딘 씨. 저녁이면 거두어들이고, 아침에 다시 넌다.

피상고랭은 주로 아침 식사 전이나 간식용으로 만든다. 보통 때 사용하는 것은 팜유.

칠맛이 돌고, 톡 쏘는 매콤함까지 살아 있었다. 이건 밥도둑임이 틀림없는 반찬이다. "와, 맛있다!"를 외치며 흥분을 감추지 못하자, 이브는 사뭇 뿌듯한 표정으로 투명한 액체가 들어 있는 병을 가져와, 뚜껑을 열고 냄새를 맡아 보라고 한다. 이 달콤한 향기의 정체는 바로 코코넛오일이었구나!

일가족은 인도네시아어밖에 모르고 나는 영어밖에 할 줄 모르니, 복잡한 대화인 경우 종종 의미를 알아듣지 못할 때가 있었다. 이때 역시도 그랬는데, 이브는 고기 소보로와 코코넛오일 병을 번갈아 가며 가리켰지만, 나는 양자가 어떻게 연결되는지 전혀 알 수가 없었다. 하지만, '이 코코넛오일은 홈 메이드이며 이것으로 튀긴 바나나(피상고랭)는 최고로 맛있어!'라는 뜻만큼은 이해했다.

"세상에나, 코코넛오일을 정말 집에서 만든다고요? 저도 한번 만들어 보고 싶네요!"라고 지나가는 말투로 부탁했다. 참고로, 인도네시아는 세계 제일의 코코넛 생산국이며, 마레레 마을과 같은 시골에서는 대부분의 가정에서 코코넛오일을 직접 만든다고 한다. 흔히 요리에 쓰이는 팜유는 상점에서 구입하면서 어째서 코코넛오일은 직접 만드냐고 묻자, "향이 좋은 데다가 맛도 전혀 다르거든."이라며 웃어 보인다.

다음 날 아침 9시. '탕! 탕! 탕!' 하며 무언가 가볍게 울리는 소리가 나서 눈을 떴다. 무슨 소리인가 해서 나가 보니, 이브가 갈색으로 잘 익은 코코넛 열매에 도끼를 내려치고 있다. 그 광경에 완전히 잠이 달아났다. 어제 내가 코코넛오일을 만들어 보고 싶다고 한 말을 기억해 준 거였다!

하지만 여기서부터 긴 여정이 시작된다. 도끼로 깬 코코넛 열매를 양동이에 넣고 물로 씻은 후, 강판에 간다. 이 강판이 문제인 것이 칼날이 그다지 날카롭지 않아 효율적이지 못했다. 코코넛 껍질은 호두껍질 못지않게 딱딱하고, 아주 조금씩밖에 갈리지 않았다. 이브가 갈아도 그 속도는 소 걸음마처럼 느렸고, 언제 끝날지 모르는 작업이 피곤해 보여 내가 교대를 해 봤지만, 내 속도는 이브의 반도 못 따라가 전혀 도움이 되지 못했다. 게다가 나는 금방 지쳐 버렸다. 이브가 다정하게 강판을 다시 받아 가서는 말한다. "옆집에서 밥을 할 테니까 가서 같이 만들어 봐." 그러고는 내 손에 커다란 감자를 들려서 등을 떠민다. 그러고 보니 벌써 점심때가 가까운 시간이었다. 하나라도 빠짐없이 보고 싶은 마음에 "한 시간 정도 있다가 바로 돌아올게요."라고 하자 "걱정하지 마, 다음 단계로 넘어가기 전에 반드시 부를 테니까."라며 웃는다. 도중에 궁금해서 몇 번이고 작업을 보러 왔지만, 이브는 계속 같은 장소에서 코코넛 껍질을 갈고 있었다. 점심을 만들어 먹은 후, 동네 아이들과 한창 재미있게 놀고 있을 무렵, 이브가 약속한 대로 나를 부르러 와 주었다. 통 안을 들여다 보니, 연필을 깎고 남은 부스러기 같은 모양의 코코넛이 수북이 쌓여 있었다. 거기에 물을 붓고 손으로 짜서, 다시 물을 붓고 짜고, 이 작업을 세 번 반복하니 유백색 액체가 모아졌다. '설마'라고 생각했는데, 이것이 바로 '코코넛밀크'였다. 열매를 깨기만 하면 코코넛밀크가 어디선가 저절로 나올 거라고 생각했었는데, 이렇게까지 번거로울 줄이야! 이때 시간이 오후 3시. 이브는 피곤한 기색도 없이, 집 밖의 취사장에서 다음 작업을 시작하고 있다. 불을 지핀 후 평평한 냄비에 코코넛밀크를 넣고 끓인다. 그러면 표면이 부풀어 올라와 금이 갈라지고, 순백색이었던 액체가 서서히 투명한 액체와 회색의 부유물로 분리되어 갔다. 코코넛 특유의 말할 수 없이 달콤하고 그윽한 향기가 사방에 퍼져, 조금 전까지 나와 같이 놀았던 이웃의 아이들이 하나둘 몰려들기 시작한다. 냄비 옆에 움

오일 만들기에 사용되는 것은 코코넛 껍질. 바깥쪽의 섬유 부분은 연료로 사용.

(왼쪽 위) 껍질의 안쪽에 붙어 있는 흰색의 딱딱한 과육을 강판에 간다. (오른쪽 위) 짜낸 코코넛밀크를 한동안 끓이면, 표면이 부풀어 오른다. (왼쪽 아래) 고슬고슬한 고형 물질과 투명한 코코넛오일로 분리된다. (오른쪽 아래) 체에 걸러서 완성.

크리고 앉아, 여자 아이들이 헤나(식물성 염료)로 내 손에 페인팅을 해 주었다. 나는 답례로 색종이 접기를 가르쳐 주었다. 이들과 같이 달콤한 향기에 둘러싸여 있다는 것 자체만으로도 행복으로 느껴져, '지금 이 시간이 천천히 흘렀으면' 하는 생각마저 들었다.

그렇게 끓여서 졸이기를 두 시간 정도, 하얗던 코코넛밀크가 투명한 오일과 갈색빛의 소보로로 변신했다. "이 갈색의 물질이 타이미냐tahi minyak(코코넛오일의 분糞)라니까. 아까 아침 식사 때 먹었잖아?"라는 이브. 참고로, 타이미냐의 '타이tahi'는 '분糞', '미냐minyak'는 '기름'이라는 뜻이다. 이제야 겨우 수수께끼가 풀렸다. 그건 그렇다 치고, 코코넛오일에서 걸러진 앙금의 부산물을 배설물로 형용해 버리는 센스가 절묘하네. 최초로 이 말을 만든 사람이 누구인지. 그리고 코코넛 열매 하나로 밀크와, 오일에, 반찬까지, 여러 형태로 변화시키는 지혜 또한 탄복할 만했다.

고기를 갈아서 만든 반찬일 거라고 믿어 의심치 않던 것은 타이미아에 고추와 토마토를 넣고 볶은 것으로 삼발 소스*를 사용한 요리의 하나다.

근처에 사는 열한 살 정도의 여자아이들. 멋내기에 관심이 많을 나이. 며칠 지나면 헤나 페인팅 색이 옅어지지만, 그 색이 나름 또 곱다고 한다.

자기 힘으로 만들어 내는 강인함

지나가듯 가벼운 말투로 부탁한 코코넛오일 만들기는 그야말로 하루가 꼬박 걸리는 번거로운 일이었다. 하지만 이브는 그런 수고스러움은 대수롭지도 않은 듯, 같이 만든 코코넛오일을 한 방울도 남김없이 비닐봉지에 담고, 그것도 모자란 양, 자신들이 사용하려고 전에 만들어서 병에 넣어 두었던 분량까지 추가해, 마지막 날 내 손에 들려 주었다. 그러고는, "마카사르에 도착하면 다음 날 아침 비행 시각까지 묵을 곳이 필요하지?"라며 마카사르에서 살고 있는 딸에게 연락해 내가 하룻밤을 숙박할 수 있도록 배려해 주었다. 마지막 날의 마지막 순간까지 너무나도 많은 신세를 지고 말았다.

많은 사람들의 보살핌과 배려로 여행을 무사히 마치고 동경에 도착했다. 이브에게서 받은 코코넛오일은 아깝다는 생각에 좀처럼 손을 댈 수가 없었다. 그러던 어느 날, 큰마음 먹고 바나나튀김(피상고랭)을 만들었다. 아파트의 좁은 실내 공간에 코코넛오일의 향기가 가득 차오름과 동시에, 함께했던 어린이들과의 추억과 이브의 강인했던 두 팔이 떠오른다.

---

* **삼발소스**sambal sauce: 인도네시아와 말레이시아 등의 지역에서 주로 사용하는 칠리 소스의 한 종류다.

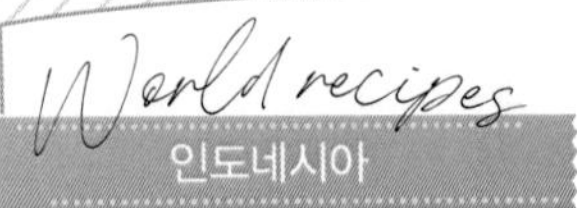

Tahi minyak sambal

코코넛오일과 타이미냐의 삼발소스

달콤한 코코넛 향기가 모락모락 올라오면, 부엌은 어느새 행복한 공간으로 변신합니다.
삼발은 매콤한 맛의 소스. 입맛을 돋우는 반찬이에요.

재료(만들기 편한 분량 기준)

코코넛밀크 캔(400㎖) ······ 1개
빨간 고추 ······ 1/2개
마늘 ······ 1쪽
양파 ······ 1/4개
토마토 ······ 1/2개
황설탕 ······ 1 작은술
소금 ······ 적량

되도록 젓지 않을 것! 시판하는 코코넛밀크의 종류에 따라 잘 응결되지 않는 제품이 있다. 산화 방지제 등의 첨가물이 들어 있지 않은 것을 고르는 것이 좋다.

만드는 방법

〈코코넛오일〉

1 코코넛밀크를 냄비에 붓고 강불로 끓인다. 이때 되도록 젓지 않는다.

2 끓기 시작하고, 투명한 기름과 희고 보송보송한 고형물로 분리되면 중불로 조절한다. 희고 보송보송한 고형물이 부서지지 않게 조심하면서 밑이 타지 않도록 가끔씩 저어 준다.

3 흰 물질들이 모여서 소보로 형태의 덩어리가 되어 간다. 이것이 액체와 완전히 분리돼, 고기 소보로와 같은 황갈색이 되면 불을 끄고 체에 걸러 낸다. 여기까지 약 한 시간 정도가 소요.

4 액체 부분이 코코넛오일이며 고체가 '타이미냐' 라고 하는 부산물이다.

〈타이미냐의 삼발소스〉

1 빨간 고추의 씨를 발라내고 둥글게 송송 썬다. 마늘, 양파는 다지고 토마토는 깍뚝썰기 한다.

2 만들어 놓은 코코넛오일 1작은술을 프라이팬에 두르고, 빨간 고추, 마늘, 양파를 볶는다.

3 양파가 투명해지면 토마토와 설탕을 넣어 토마토가 으깨질 때까지 끓인다.

4 타이미냐를 넣고 소금으로 간을 한 후, 고기된장처럼 수분이 없어질 때까지 조린다.

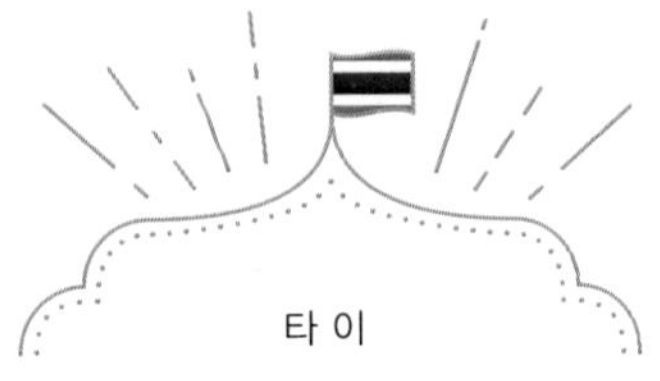

소수 민족 아카족 마을의 크리에이티브한 산채 요리

유스크 마을

타이 북부, 고산 지대의 촌락

세계 각지의 다양한 가정의 부엌을 방문한 경험이 있지만, '소수 민족'이라는 단어가 풍기는 신비스러운 느낌은 왠지 나와는 거리가 먼 것 같고, 가까이 다가가기 어려운 존재처럼 느껴졌다. 그래서 지인의 소개로 타이 북부의 소수 민족, 아카족 마을의 방문이 결정됐을 때는 너무나도 기뻤다. 보통 때는 방문 전 리서치를 되도록 최소화하고 있지만, 이번 만큼은 'Akha'로 검색해서 발견한 인터넷 기사와 리포트를 꼼꼼히 읽고 현지의 생활과 역사에 대해 상상력을 한껏 부풀렸다.

치앙라이Chiang Rai공항에 내려서, 차로 네 시간 산길을 달렸다. 비가 와서 질퍽해진 비포장도로를 거쳐, 회색 콘크리트 벽에 한자로 거칠게 낙서가 돼 있는 촌락을 지나, 길이 좁아지기 시작할 무렵, 대나무와 수 종류의 나무로 만들어진 집들이 줄지어 선, 앞이 확 트인 촌락 앞에 다다랐다. 이곳이 나의 목적지 유스크 마을이다. 도착하자마자 촌락의 아이들이 아무런 거리낌없이 내게 다가와 반갑게 맞이해 준다. 이곳 사람들은 일본 사람과 거의 비슷한 정도의 키와 검은 머리를 하고 있어, 긴장했었던 마음이 한순간에 누그러진다.

여기서 아카족에 대해 간단히 설명한다. 아카족은 타이 북부의 산악 지역에서 생활하는 소수 민족 중의 하나다. 언어는 아카어라고 들었지만, 현지에서는

부엌에는 창이 없지만, 나무 벽 사이로 들어오는 빛이 꽤나 밝다. 왼쪽에서는 야채 등을 씻을 수 있다. 오른쪽에 보이는 것이 화덕.

타이어와 아카어가 뒤섞여 공중으로 날아다녔다. 주식인 아카 쌀은 타이 쌀보다는 일본 쌀에 가까워 둥그스름하고 찰지다. 본래 이들은 화전火田 방식의 농업을 하며 이동하는 생활을 하지만, 1980년대 타이 정부가 화전을 금지시키면서 정주定住가 보편화됐다. 최근에는 커피나 차 등의 작물을 재배, 판매해 수익금을 얻고 있다. 유스크 마을의 주요 작물은 파인애플이고, 걷다 보면, 자연 숙성돼서 나무에서 떨어진 과실들이 그대로 버려져 있다. 그중에 깨끗한 걸 하나 골라 한입 베어 먹어 보니, 완숙된 열매의 달콤한 과즙이 넘쳐흐른다. 그뿐인가. 이 맛있는 열매가 무한 리필이라니, 천국이 따로 없다.

뭐든지 만들어 내는 노부부

내가 신세를 진 곳은 백발에 풍채가 좋은 할아버지와 눈꼬리가 처져 부드러운 인상의 할머니 댁이다. 두 사람 모두 빈랑(씹는 담배와 비슷한 역할) 애호가로 툇

마을의 한가운데에 길 하나가 훤히 뚫려 있고, 그 옆으로 집들이 뜨문뜨문 보인다.

툇마루에서 빈랑을 씹거나 죽공예를 하고 있노라면, 이웃 주민들이 모여들어 식사를 같이 하는 등 천천히 시간이 흐른다.

마루에서 씹고 있는 풍경을 자주 보곤 했다. 씨익 하고 웃을 때 검은 치아가 드러나 보여 깜짝 놀랄 때도 있었는데, 빈랑을 오랫동안 씹어서 색소 때문에 치아가 검게 변색했기 때문이라고 한다. 두 분의 이름은 기억나지 않는다. 아니, 처음부터 묻지 않았다. 언제나 '아피', '아보'라고 불렀고, 각각 '할머니', '할아버지'라는 뜻이다.

이 가정의 부엌에서 감동했던 것은 정말로 무엇이든지 다 만들어 낸다는 사실. 요리뿐만 아니라, 생활에 필요하다고 느끼는 것은 자신들의 손으로 직접 만들어 사용하고 있었다.

식사는 산에서 캐 온 야조들이 수재료이며, 아피는 야초 달인으로, 매일 다른 종류의 야초를 사용해 맛있는 음식을 차려 냈다. 미나리와 닮은 '로쵸'는 물가에서 자생하며, 작은 냄비에 담아 깔끔하게 국으로 끓여 낸다. 바나나의 꽃봉오리는 '응가페'라고 불리며 잘게 썰어 물에 담가 두면 물이 검게 변할 정도로 불순물이 나온다. 과연 먹을 수 있을까 걱정될 정도이지만, 이것을 빻은 쌀과 함께 끓이면 찰지고 부드러운 맛의 죽이 완성됐다. 그 밖에도 여러 종류의 야초들은 각각의 정해진 조리법이 있었다. 그중에서 가장 놀라웠던 건 가구 등 등공예籐工藝에 사용되는 등나무다. 일본의 등나무와 같은 종류는 아닐지 모르지만, 등나무까지 먹는다는 사실에 놀라지 않을 수 없었다. 아카어로는 '아뇨'라고 불리며, 수풀을 헤쳐 들어가 겉 표면이 따끔따끔하게 생긴 입목을 손도끼로 잘라, 부엌의 직화 불에 구워서 껍질을 벗긴다. 그렇게 하면 까칠한 가시였을 거라고는 전혀 상상할 수 없는 부드럽고 달콤한 속살이 나오는데, 뜨끈뜨끈할 때 매콤한 소스에 찍어서 먹으면 그 맛이 정말 기가 막히다.

아피가 야초의 달인이라면 아보는 대나무의 달인으로, 산에서 베어 온 대나무로 여러 종류의 부엌 도구를 만들어 냈다. 대나무를 쪼개고 가늘게 베어서 대나무 살을 만들어, 직물처럼 꼬아 소쿠리, 바구니와 같은 익숙한 도구는 물론, 식사 때 쓰는 밥상과 의자까지도 손수 만들었다. 대나무를 엮어 만든 밥상은 가벼워서 한 손으로도 들 수 있어서, 식사 시간 이외에는 벽에 걸어 두니, 보관 장소가 따로 필요 없이 편리했다. 이 두 사람은 산속 생활의 지혜가 몸에 흠뻑 배어 있어, 번거로운 일들도 대수롭지 않은 듯 해치웠다. 그야말로 크리에이티브하며 능동적인 삶을 사는 노부부의 자세가 당당하고 멋지게 느껴졌다.

한편, 요리에 쓰이는 야초를 캐러 가야 하는 곳은 산을 두 개나 넘어야 하는 먼 숲속. 아피는 무릎이 불편해서 아보가 대신 가서 캐 오거나 옆집 사람에게 부탁한다. 나도 옆집 사람을 따라나섰지만, 목적지에 도착하기도 전에 완전히 지쳐 버렸다. 진흙 구덩이에 빠지기도 하며 수풀을 헤쳐 가면서 쉴 새 없이 산길을 걸었다. 나에게는 다 똑같은 풀로 보였지만, 그녀들의 눈에는 먹을 수 있는 식물은 확연히 달라 보이는 것 같았다. 그런 그녀들의 손을 거치면 어떠한 야초라도 맛있는 요리로 변신해 버리니, 감탄이 절로 나온다.

조미료도 자유자재로 홈 메이드

이뿐만 아니라 아피는 산나물 요리에 사용하는 조미료도 직접 만들어서 사용했다. 매일의 요리에 빠뜨리지 않는 조미료 '아치'는 얇고 평평하게 말린 낫또다. 삶은 콩을 발효해서 쪼갠 후 말리면, 발효의 힘과 햇볕의 작용으로 감칠맛이 증가한다. 이것을 빻아, 고추와, 집 앞 텃밭에서 캐 온 마늘을 함께 넣어 요리하면 담백했던 야채가 한층 더 맛깔스러워졌다. 시장에서도 판매하고 있지만, 집에서 만든 아치는 크고 또렷한 잎맥 모양이 새겨져 있으며, 무엇보다도 그 향이 진하고 좋았다. 요리를 거들면서 "아피의 아치는 최고예요!"라고 극찬을 하니, '그렇

낫또를 평평하게 펴서 말리는 아치. 낮에는 장대 위의 건조대 위에서 말리고, 밤이나 비가 오는 날은 안으로 들여와 화덕 위에서 말린다.

부엌의 화덕은 다기능적이어서, 밥을 짓는 옆에서 야채를 삶으면서, 그 밑에서는 철망에 고기를 끼워 굽는다.

긴 해.'라는 듯한 얼굴로 씨익 웃어 보인다.

산에서 캐 온 야초들에는 여러 종류가 있었지만, 사용하는 조미료는 거의가 비슷했다. 소금, 마늘, 고추, 아치는 매번 빠지지 않았다. 같이 음식을 만드는 횟수가 늘어나자 나도 점점 익숙해져, '다음에는 아치를 넣을 차례?'라고 생각되는 타이밍에 맞추어 그녀에게 아치를 건네주면, '잘 아네.'라는 듯한 표정으로 방긋 웃으며 받아 주었다. 왠지 그녀에게 인정받은 듯한 느낌이 뿌듯하고 기분 좋았다.

물을 붓고 열을 가해 조리하는 작업은 화덕에서 하며, 화덕 위에는 고기나 생선이 매달려 있어, 요리를 시작하면 자연스럽게 훈제 요리가 됐다. 화덕의 직화 불에는 가시가 무성한 아뇨를 넣어 구워 냈고, 그 위의 철 석쇠 위에 냄비를 올리는 식이다. 또 그 위에서 훈제 요리까지 해 내면, 화덕은 '3층 구조의 설비를 자랑하는 취사도구'가 된다.

이렇게 뭐든지 만들어 내는 부엌이지만, 실은 좀 의외의 조미료에 자꾸 눈길이 갔다.

미원! 아피는 미원을 소금처럼, 어떤한 요리에도 빠짐없이 넣었다. "여기 있는 것이 기본 조미료란다."라며 손으로 가리킨 것은 소금, 마늘, 고추, 아치, 그리고 미원이다.

산속 자연의 풍요로움으로 뭐든지 만들어 내는 부엌에서 공장에서 태어난 흰색 결정체가 이토록 대활약을 하고 있는 것이 어딘가 어색하게 느껴지는 건 어쩔 수가 없었다. 그래서 "왜 미원을 넣나요?"라고 물어보자, "맛있으니까 넣지!"라며 솔직담백한 대답.

산나물 요리가 푸짐하게 차려진 식탁. 앞쪽의 흰색이 조금 보이는 것이 구운 아뇨. 왼쪽의 큰 그릇이 로쇼수프. 그릇들 밑에 깔린 것은 바나나잎으로 천연 테이블 크로스다.

산에서 나는 야초들로 손수 만든 음식은 우리들이 평소 접하는 음식에 비하면 단맛도 덜하고 감칠맛도 덜하다. 게다가 육류나 생선도 거의 사용하지 않으니, 현대인들에게 익숙한 음식에 비하면 전체적으로 담백한 맛임에는 틀림없다. 솔직히 뭔가 빠진 듯한 느낌이 드는 것도 사실이었다. 어느 나라의 누구를 막론하고 맛있는 음식이 먹고 싶은 건 지극히 자연스러운 일이다. 이 마을 청장년층의 많은 사람들이 일자리를 찾아 도시로 떠났다. 그들이 도시에서 접한 맛과 문화가 자연스럽게 마을로 흡수되어, 마을의 식문화도 조금씩 변하고 있는 것 같았다. 이곳을 방문하기 전까지 가지고 있었던 소수 민족에 대한 이미지와는 전혀 달라서 조금 당황스럽기도 한 동시에 친근감이 느껴진다.

4일간 머무른 후, 맞이하게 된 마지막 날. 아피는 남아 있는 것들을 모조리 모아, 밥상에 더는 올라올 수 없을 만큼 푸짐하게 산채 요리를 만들어 주었다. 아피의 음식을 먹지 못하게 되는 것이 아쉽다고 말하자, 손수 만든 아치 두 장과 함께, "일본에는 마늘 없지?"*라면서 텃밭에서 마늘을 캐서 내 손에 들려 준다. "고추와 미원을 같이 넣어서 요리하는 거 알지?"라는 말도 덧붙이면서.

---

* **마늘**: 중국과 한국을 거쳐 일본에 마늘이 처음 들어왔을 때는 약재로 사용됐으나, 메이지 시대를 거치면서 일반인에게도 보급되기 시작했다. 2차 세계대전 이후, 한국 요리, 중국 요리, 서양 요리 등 '식' 의 국제화가 본격화되면서 친근한 식재료가 됐다. 일본 제일의 생산지는 아오모리현.

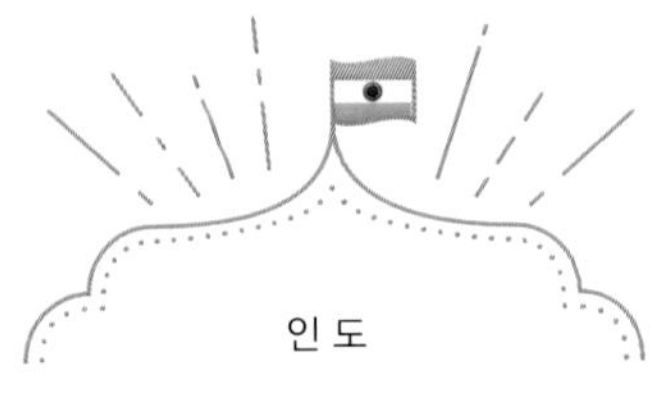

인 도

본고장 인도에서는 은은하게 매운 스파이스 요리를 선호해요

우리 집 인도 요리는 펀자브Punjab 요리

세계 여러 곳의 가정의 부엌을 방문했었지만, 실은 나는 길거리 음식도 아주 좋아한다. 대개 어느 나라를 가더라도 "그렇게 비위생적인 음식을 왜 사 먹어?"라고 현지의 호스트들이 걱정한다. 하지만 그 속의 활기와 시끌벅적함, 그리고 토지의 냄새까지 묻어나는 군것질거리를 현지인들과 뒤섞여 먹고 있을 때의 흥분이란, 설령 이것 때문에 빨리 죽는다고 해도 그다지 억울하지 않을 것 같을 정도나.

델리Delhi는 그런 의미에서 최고의 도시였다. 포장마차와 북적거리는 사람들, 그 수가 다른 곳과는 비교가 안 될 만큼 어마어마했다. 날이 어둑어둑해지면 많은 사람들이 길거리로 몰려나온다. 만원 지하철 못지않은 빽빽한 틈 사이에서, 십수억 인구의 한 사람이 되어 그들과 먹는 즐거움을 공유하는 시간은 특별한 체험이 아닐 수 없다.

인도에서의 첫날은 길거리 음식을 만끽하고, 그다음 날 일반 가정집을 방문했다. 인도라고 하면 떠오르는 건 당연히 '스파이스!' 본고장의 스파이스 요리를 배울 수 있을까 하고 기대에 잔뜩 부풀었다. 이번에 방문한 가정은 모니카씨의 집. JICA(국제협력기구)에서 일하는 내 친구의 동료인 남편, 시어머니, 아들과 함

모니카가 애용하는 마살라 박스. 애지중지하는 요리 도구는 요리할 때마다 텐션을 높여 준다.

께 생활하고 있었다. 영국에서 공부한 경험이 있는 모니카의 영어는 그 나라 특유의 악센트가 없고 유창해서 알아듣기 쉬웠다. 거리에는, 펀자비 드레스나 사리와 같이 색상이 화려하고 살랑살랑 퍼지는 전통의상을 입은 여성들이 쉽게 눈에 들어왔다. 그러나 그녀의 패션은 청바지에 타이트한 검정색 티셔츠를 맵시 있게 입어 스타일리시했다.

"인도는 면적이 큰 나라잖아. 그래서 인도 요리는 지역마다 다 달라. 우리 부모님과 시부모님이 펀자브 출신이라서 우리 집 요리는 펀자브 요리에 속해."라는 모니카. 펀자브주州는 인도 북부 지역으로, 대표적인 요리는 버터치킨카레나 탄두리치킨 등, 일본에서도 쉽게 접할 수 있는 음식이 많다. 모니카는 "펀자브 요리는 맛있어서 인도 이외의 지역에서도 많이들 먹어."라며 자부심이 넘치는 말투였다. 하지만, 오늘의 메뉴는 버터치킨카레는 아닌 모양이다. "화요일이니까 고기는 사용하지 않아."라고 자연스럽게 말하는 모니카. 고기를 먹던 사람들도 화요일에만 베지테리언이 된다는 뜻인가?

"매주 화요일은 힌두교의 하누만 신의 날로, 절에 가서 참배를 해야 하니까 육류는 피하는 거야."

인도는 베지테리언의 나라라고 흔히들 말하지만, 일주일에 한 번만 베지테리언이 된다는 방식은 의외였다.

요리는 생강과 마늘을 넉넉한 기름에 볶는 것에서부터 시작됐다.

병아리콩 조림 요리. 맛있어 보이는 색의 비결은 철 프라이팬에 있었다.

"펀자브 요리는 생강, 마늘, 양파, 토마토를 기본 재료로 사용해."

매일 사용해야 하니까 생강과 마늘은 갈아서 저장해 둔다고 했다. "미리 갈아서 팔고 있는 마늘은 안 써?"라고 묻자, 그녀는 고개를 저으며 "향기가 전혀 다르잖아! 좀 번거롭지만 음식은 맛있어야지."

큰 냄비에서 지글지글 듣기 좋은 소리와 함께 맛있는 냄새가 솔솔 풍겨 난다. 커민* 씨앗을 조금 넣은 후에, 기름에 튀긴 콜리플라워와 감자를 넣어서 같이 볶아 준다. 그 옆에는 모니카의 시어머니가 병아리콩의 조림 요리를 만들고 있다. 이 요리는 '카다이'라고 하는 검은 철 프라이팬을 사용하는 것이 포인트다. 프라이팬에서 나오는 철분으로 거무스름하면서도 먹음직스러운 색깔로 완성된다고 한다. "그럼 냄비까지 먹게 되는 셈이네!"라고 말하자 모두가 웃는다.

애지중지하는 스파이스 박스 안의 주인공들은?

콜리플라워와 감자가 연해질 정도로 익으면 드디어 각종 스파이스가 담긴 마살라 박스가 등장한다. 마살라 박스는 둥근 스테인리스의 용기에 일곱 종류의 스파이스를 담을 수 있는, 인도의 가정에서는 필수로 쓰이는 도구다.

이 마살라 박스에 담는 스파이스 종류는 특별히 정해진 것이 아니라고 한다. 즉, 일곱 종류의 범위 내에서, 각 가정에서 좋아하는 스파이스를 골라 오리

* **커민**cumin: 미나리과의 식물로 오래된 역사를 가진 스파이스의 한 종류다. 인도, 멕시코, 동남아시아, 아프리카 등 이른바 에스닉 푸드에서는 빠뜨릴 수 없는 스파이스다.

지널 스파이스 세트를 만들수 있다는 의미다. 모니카는 빨간색의 칠리, 노란색의 터메릭*, 녹색의 코리엔더coriander, 갈색의 가람마살라**, 그리고 오돌톨한 커민cumin 씨앗의 화사한 배색을 기본 라인업으로, 자주 사용하는 후추와 소금을 추가한다. 이 마살라 박스를 마치 보물 다루듯 감싸 안으며 "내가 주로 애용하는 아이템이야."라고 하는 그녀의 표정은 아주 행복해 보인다. 누군가가 아끼는, 부엌에서 매일 사용하는 도구는 세계 어디에서 만나더라도 동경의 대상이 된다.

인도에는 카레가 없다고?

인도 요리라고 하면 '카레'를 떠올리기 십상이다. 그러나 인도에는 '카레'라고 불리는 요리가 없다는 사실은 아는 사람들은 다 아는 유명한 이야기. 야채에 스파이스를 넣어서 볶은 후 조린 것은 사브지Sabji, 각종 스파이스와 그레이비***로 볶은 것은 ㅇㅇ마살라, 그 밖의 것은 각각 고유의 이름이 따로 있다. 그래서 카레라는 단어는 피하고 싶지만, 너무 유명한 이 단어를 대신할 단어가 생각나지 않아 언제나 사용하게 된다.

한 바퀴 돌려 가며, 세트인 스푼으로 순서대로 스파이스를 냄비에 넣는데, "칠리는 맛, 가람마살라는 향기, 터메릭은 색깔, 그리고 후추는 자극의 역할이지. 이 종류들이 펀자브 요리에서는 빼놓을 수 없는 스파이스라고 생각하면 돼."라며 웃는 얼굴을 한다. 뭐라고? 잠깐만. 모니카는 웃고 있었지만, 나는 불안해지기 시작했다. 칠리는 고추니까 매운맛 그 자체. 가람마살라는 후추 등이 들어간 믹스스파이스로 내 감각으로는 충분히 맵다. 즉, 칠리도, 가람마살라도, 후추도 전부 매운맛에 포함되는 게 당연하지 않은가. 그런데 각각 '맛, 향기, 자극의 역할'이라고 한다. 칠리가 '맛'의 역할이라고? 얼얼할 정도로 맵지 않으면 '맛이 없다'는 의미인가…? 좀 걱정되네. 너무 매워서 못 먹으면 어떡하지….

스파이스에 대해서 내가 집요하게 묻자, 그녀는 "스파이스 종류는 훨씬 많아."라며 머리 위의 찬장을 열어 보여 주었다. 셀 수 없을 정도의 작은 병과 용기들.

"이것들은 풍미를 위해서 사용하는 것들이야."

이 많은 종류의 스파이스를 잘 구분해서 사용할 수만 있다면 어떤 맛이든지

---

* **터메릭**turmeric: 강황.

** **가람마살라**garam masala: '매운 스파이스의 혼합물'이라고 번역되기도 하지만, 매운맛보다는 향을 더하기 위한 목적으로 사용된다. 카다멈, 정향, 커민, 계피, 후추 등을 혼합한 스파이스.

*** **그레이비**gravy: 고기를 익힐 때 나온 육즙으로 만든 소스.

선반 가득한 스파이스. 시나몬과 카다멈* 등 비교적 친숙한 것에서부터, 파란 망고 분말의 암추르amchur, 그리고 흙 알갱이처럼 생긴 호로파**와 같이 생소한 것들까지.

푸리는 튀기는 순간에는 풍선처럼 부풀어 오르지만, 시간이 지나면 오므라든다.

만들어 낼 수 있을 것 같았다. 도대체 몇 종류를 넣을 셈인거지? 그때 그녀가 말한다.

"그렇지만 스파이스를 너무 많이 넣으면 안 돼. 재료 본연의 맛을 느낄 수가 없으니까. 그리고 특히 칠리는 조금만 넣어야 해. 위에 좋지 않아."

그 말에 매운맛에 대한 부담감이 사라지고, 엄마가 건강을 걱정해 주는 것 같아 마음이 편해진다. 좀 전에 '칠리는 맛'이라고 했다. 하지만 아무리 맛이 있다고 해도 매일 먹는 음식에는 너무 많이 사용해서는 안 된다는 것이다. 얼얼할 정도로 자극적이고 맛있는 음식은 가끔 밖에서 외식할 때는 좋지만, 평소의 가정요리는 매일 먹는 음식인 만큼, 그런 자극적인 맛보다는 몸에 좋고 안심할 수 있는 음식을 선호한다고 말한다.

조금 전에 재료 본연의 맛을 느낄 수 없다고 했는데, 스파이스는 원래 부패된 음식의 냄새를 감추기 위해 사용하기 시작했다는 말을 들은 적이 있다. 감출 필요가 없다는 것은, 그녀는 신선한 재료를 소중히 여긴다는 뜻이다.

모니카의 알루고비Aloo gobi(콜리플라워와 감자의 스파이스 볶음 요리)와 시어머니의 차나마살라Chana masala(병아리콩의 스파이스 조림), 두 사람이 같이 만든 카

---

* **카다멈**cardamom: 가장 오래된 스파이스의 하나로, 생강과의 식물이다. 가격이 비싼 편에 속하며, 상큼하고 품위 있는 향기가 난다고 해서 '스파이스의 여왕'이라고 불린다.

** **호로파**fenugreek: 역시 가장 오래된 스파이스의 하나로, 콩과에 속하며 단맛과 쓴맛을 가지고 있어 음식의 깊은 맛을 내 준다.

다히파닐Kadai paneer(파닐치즈의 스파이스 볶음), 거기에 토마토와 오이의 샐러드, 그리고, 라이타Raita(요구르트 소스)가 완성됐다.

식탁에 둘러앉은 식구들. 부엌에서는 도우미분이 남은 반죽으로 푸리를 튀겨 주고 계셔서 넉분에 따끈따끈한 푸리를 먹을 수 있었다.

마지막으로 주식인 푸리Poori를 만들었다. 푸리는 둥글게 민 밀가루 반죽을 튀겨서 만드는 심플한 맛의 튀긴 빵이다. 보통 주식은 평평하게 구운 차파티Chapati를 먹지만, "오늘은 특별한 날이니까."라며. 뽈록하게 부풀어 오른 푸리의 접시를 들고서, 시어머니가 "자, 식기 전에 먹읍시다."라고 식탁을 향하니, 모니카와 아들도 테이블 의자에 와서 앉았다.

안심할 수 있는 가정의 식탁

세 종류의 스파이스 요리는 스파이시하면서도 그다지 맵지 않고, 차나마살라는 콩의 순한 단맛까지 느껴져 일본의 니모노*가 떠오를 정도였다. 모니카의 옆에서 아들은 행복한 얼굴로 따끈따끈한 푸리를 먹고 있다. 대화하느라 가끔씩 내 손이 멈추면, "더 먹어!"라며 모니카가 권한다. "많이 먹어. 그래야 키도 크지." 라며 틈만 나면 빈 접시를 채우려고 한다. 어느 나라든 눈앞에 있는 사람의 배를 채워 주고 싶은 게 엄마라는 사람들의 마음인가 보다. 그 옆에서 모니카의 시어머니가 우리들의 오가는 대화를 들으며 흐뭇하게 바라보신다.

인도의 가정에서 배운 것은 스파이스를 자유자재로 사용하는 테크닉이 아닌, 부담스럽지 않고 몸을 편안하게 해 주는 요리에 대한 신념과 애착이었다.

* 니모노煮物: 일본의 대표적인 요리다. 육수에 간장, 미림, 요리 술, 설탕 등을 사용해 야채 위주의 여러 가지 식재료를 같이 조리는 요리로, 한국의 조림 요리보다는 맛이 순하다.

'요리를 하지 않는' 상해에서 '요리를 하는' 사람들

중국의 배달 요리는 눈부신 급성장을 이루어 지금은 4억 명 이상이 이용하고 있다. 최첨단 도시 상해는 인터넷 보급률과 더불어 여성의 취업률이 증가해, '요리를 하지 않는 것이 당연하다' 는 말조차 어색하지 않다. 그럼에도 불구하고, '굳이' 요리를 하는 사람들의 존재는 우리들에게 '요리란 무엇인가' 에 대해 생각하게 한다.

우리는 무엇 때문에 요리를 하는 것인가?

"요리하는 건 좋아해! 그런데 아침에 배달은 뭘로 할까?"
요리를 좋아한다고 해서 소개받아 찾아간 가정에서 나의 '부엌 탐험' 은 단박에 무산될 위기에 처하고 말았다. 상해에서 매일 요리를 하는 사람들과 만나기란 쉽지가 않았다.
큰길가를 걷다 보면, 오고 가는 수많은 배달 오토바이에 놀라지 않을 수 없다. 원래부터 포장마차 문화가 발달돼 있고, 외지에서 몰려온 저임금 노동자들도 많아, 배달 음식의 보급률은 세계 도시에서도 손꼽힐 정도다. 그 밖에도 외식, 포장, 편의점 도시락 등, 식사를 위해 취할 수 있는 선택의 종류가 넘쳐 난다. '부엌 탐험' 은 우선, 요리하는 사람을 찾는 일로 변경했다. 그 가운데 만날 수 있었던 두 가정을 소개한다.

"요리하는 건 좋아해요. 하지만 평일에는 하지 않으니까 일주일에 한두 번 정도일까. 그래도 주위의 다른 사람들에 비해 꽤 많이 하는 편이에요." 만히 씨는 30대이며 남편과 둘이서 생활하고 있다. "평일에는 바쁘기도 하고 취미생활에 시간을 쓰고 싶어요." 스마트폰으로, 아침 식사로 인기가 많은 구운 딤섬을 주문하면서 말한다. "90년대 이후 출생한 사람들은 거의 요리를 하지 않아요. 동거하고 있는 경우는 부모님이 만드시거나 그렇지 않으면 사 먹거든요. 예전부터 포장마차는 이용했었지만, 스마트폰으로 주문을 할 수 있게 됐으니 훨씬 편리하잖아요. 그래서 부모님 세대는 음식을 손수 만드시는 게 당연했어도 우리들 세대는 사 먹는 게 당연한 거죠."
그도 그럴 것이, 인기 레스토랑의 딤섬을 줄서서 기다리지 않고도 집에서 편히 먹을 수 있는 시대인 것이다. 그렇다면 주말에는 왜 굳이 번거롭게 요리를 하는 것일까?
"매번 사 온 도시락을 먹는 생활을 한다는 건 살아 있다는 기분이 들지 않아요. 주말에 학교 기숙사에서 생활하는 아들이 돌아오면 가능한 한 직접 요리를 해요. 저희 남편이 요리 솜씨가 좋거든요." 라며 자랑하듯 남편의 요리하는 사진을 보여 준다. 그러고 보니, 상해에서는 남편들이 가사를 담당하는 경우가 많다고 들었다.

"가족이 한집에 같이 살아도 사실, 시간을 공유하기란 그리 쉽지 않아요. 그래서 저녁 식사를 함께 하는 것만큼은 규칙으로 정하고 있어요." 그 저녁 식사에 동참하게 허락해 준 사람은 29세의 황 씨 부부. 아무리 바빠도 이 규칙만큼은 철칙이다. 외식은 위생 면이나 안전성에 대한 불안감을 동반한다. 내 눈으로 직접 식재료를 골라 내 손으로 만드는 것은 무엇보다도 안심할 수 있으므로, 스스로가 요리하는 기회를 소중히 여긴다고 한다. 믿을 수 있는 먹거리를 확보함과 동시에, 요리를 통해서 부부 관계를 차곡차곡 쌓아 가는 모습이 인상적이었다.

요리를 하지 않고도 살아갈 수 있는 도시

생명을 유지하기 위해 먹는 행위는 필요하지만, 말 그대로 살기 위해서라면 요즘 같은 세상 외식도 포장도 가능하다. 편리하고 효율적인 수단이 생겨난 건 좋은 일이다. 하지만, '살아 있다는 실감'을 되살리기 위해, 소중한 사람들과의 시간을 함께하기 위해, 부엌에 서는 사람들이 있다.

아무리 밖의 음식이 맛있고 편리하다고 하더라도, 그저 먹는 행위에 만족하는 삶을 나는 원하지 않는다. 인생을 자기의 의지로 살아가기 위해서는 '스스로의 의지로 만드는 식사'가 가끔은 필요하지 않을까?

(위) 휴식중인 오토바이 배달원들.
(아래) 고층 아파트가 보이는 부엌에서 저녁 식사 준비를 하는 황 씨. 식사 후에는 부부가 함께 다음 날을 위해 장보기를 한다.

걷는 것만으로도 즐거워요! 현지의 식재료를 만끽해 보세요

아시아의 시장

요리를 하기 위해서는 우선 장보기부터.
로컬 푸드를 즐기면서 그 지역의 시장을 걸어 볼까요.

타이 시장

신선한 재료를 원하신다면 시장으로 Go

타이는 야시장으로 유명하지만, 낮 시장도 야시장 못지않게 시끌벅적! 색색 가지의 야채와 타이 요리에 빼놓을 수 없는 허브가 즐비해서 눈이 즐겁답니다.

마치 목걸이처럼 생긴 소세지. 찹쌀과 마늘을 넣어서 발효시킨 새콤한 향은 맥주와 칠떡궁합이에요.

시선이 멈춘 곳은 거대한 껍질의 프타이콩Petai Bean. 유황과 비슷한 냄새가 살짝 나지만, 새우와 같이 볶아서 먹으면 중독성이 있다고 하네요.

인도의 시장

길거리에 북적거리는 수많은 포장마차

13억 인구의 위를 채워 주는 시장은 그 활기 또한 유별나더군요. 고추가 빵빵히 채워진 마포 자루가 산더미처럼 쌓여 있고, 토마토 또한 수북합니다. 그리고 그 옆에는 줄지어 선 포장마차의 먹거리들이 눈이 휘둥그레질 정도로 풍부하답니다.

큰길에는 저만치 먼 곳까지 스트리트 푸드가 쭉 이어진답니다. 저녁때가 되면 어디선가 사람들이 몰려나와 콩나물시루 같은 틈새에 끼어 스트리트 푸드를 즐깁니다.

토기의 그릇에 담은 라씨*는 석류 등의 토핑을 고를 수 있어요.

---

* 라씨Lassi: 요구르트로 차갑게 만든 인도의 전통 음료.

네팔의 시장

고지 나름의 식재료가 즐비해요.

히말라야 산맥에 위치한 네팔은 고지이기 때문에 상인들 또한 두툼한 옷차림이네요. 바다에서 멀기 때문인지 생선은 거의 보이지 않고, 야채, 감자, 콩이 주로 눈에 띕니다.

야채를 땅에 펼쳐 놓고 노점 판매를 하는데, 익숙한 야채들도 많아서 친근감이 느껴집니다.

네팔의 만두 모모 momo는 잎사귀로 만든 용기에 넣어 줘요. 만두피가 쫀득쫀득하니 맛있어요.

미얀마의 시장

시장인 줄 알았는데 알고 보니 도로였어요

여자들이 지면 낮은 곳에 상품을 펼쳐 놓고, 저울에 달아 야채를 판매하고 있네요. 두리번거리며 주위를 구경하고 있는 사이에, 갑자기 트럭이 들어오고, 다급해진 상인들은 일제히 점포를 접습니다.
일반 도로가 시장이었던 셈이에요.

식재료와 함께 만들어 놓은 반찬도 팔고 있어요.

힌(카레)를 주문하면 수프와 야채 절임 등의 반찬이 같이 나와 테이블이 한가득입니다.

라오스 시장

진귀한 식재료의 보고

라오스의 먹거리는 인접해 있는 나라 타이와 비슷하고, 진열된 야채나 과일도 닮은 것들이 많더군요. 하지만 시장 안쪽으로 더 들어가면 개구리나 박쥐(!)와 같은 지방색을 풍기는 로컬한 식재료들도 눈에 들어온답니다.

석쇠로 구운 바나나. 그다지 달지 않고 감자와 같은 소박한 맛의 간식.

오후가 시작될 무렵, 여자 상인들이 낮은 좌판에 앉아 한창 이야기꽃을 피우고 있네요.

인도의 가정에서는 난Naan을 먹지 않는다고?

일본에서 인도 요리 전문점에 가면 '반드시' 라고 해도 좋을 만큼 카레에 큰 난이 같이 딸려 나온다. 인도의 주식하면 난을 떠올리는 사람도 많을 것이다. 그러나 본고장 인도의 가정은 일상적으로 난을 먹지 않는다.

내가 방문한 곳은 북인도로, 가정에서 주로 만들어 먹는 주식은 차파티다. 통밀 가루로 만든 빵으로, 반죽을 얇게 밀어서 프라이팬과 같은 철판에 구운 후, 직화 불에 넣으면 두툼하게 부풀어 오른다. 홈스테이에서 만난 현지인에게 "난은 제분한 하얀 밀가루에, 기(정제 버터)와 설탕을 듬뿍 사용하니까 매일 먹는 것은 몸에 좋지 않아요. 게다가 난을 굽기 위한 탄두리 화덕은 대부분의 가정에는 없어요." 라고 들었다. 내가 레스토랑에서 먹은 난은 인도인에게는 좀 특별한 날 외식으로 먹거나, 포장해 와서 먹는 음식이었던 것이다. 덧붙여 남인도에서는 밀가루가 아니라 쌀이 주식이라는 사실도 알게 됐다. 어처구니 없는 편견을 가지고 있었던 것이다.

오랜 시간 믿고 있었던 상식이 가차 없는 반격을 맞이한 경험은 인도 이외에도 한두 번이 아니었다. 베트남에서는 쌀국수 포Pho가 그러했다. 깔끔한 국물에 쌀로 만든 면을 넣은 한 그릇 요리는 간단하게 만들수 있을 것 같아서, 베느남의 대표적인 가정 요리라고 생각했었다. 그러나 현지의 가정을 방문해 보니 집에서 만드는 요리가 아니라고 한다. "포에서 가장 중요한 것은 국물이죠. 닭 뼈나 사골을 푹 고아 만들기 때문에 집에서 만들기에는 꽤 번거로운 음식이에요! 포장마차에서 사 먹는 편이 맛도 있고 간편한 데다가 심지어 싸기까지 한걸요." 하기사 그도 그럴 것이, 일본 가정에서도 생라면 국물을 직접 만드는 경우는 거의 없다.

이러한 잘못된 인식과 대면하게 되면, 자신이 그동안 품어 왔던 그 나라의 식문화에 대한 이미지는 외식 등의 한정된 정보를 바탕으로, 근거도 없이 만들어졌음을 깨닫게 된다. 당연할 거라고 여겨 왔던 관념이 완전히 깨지고, 막연히 알고 있다고 생각했던 그 지역의 생활을, 리얼하게 엿볼 수 있다는 것은 '부엌 탐험' 에서 얻을 수 있는 즐거움 중의 하나다.

유럽의 부엌

European Kitchen

100년 넘게 사랑받는 초콜릿케이크 레류켄Rehrücken

빈

빈의 공항에 도착한 순간, 반가운 마음에 흥분한 나머지 팔짝 뛰어오르고 싶은 충동마저 느꼈다. 대학원 시절 유학생으로 발을 디뎠던 동네. 제국의 황실 합스부르크가의 전통을 이은 도시로, "변화가 없는 마을이야."라고 당시에도 전해 들었지만, 7년이 지난 후, 다시 만난 거리의 풍경은 그때 그 모습 그대로 나를 기다려 주고 있었다. 그리고 이번에는 이 도시의 '부엌 탐험'을 목적으로 되돌아 온 것이다.

빈은 중유럽 오스트리아의 수도다. 공업국으로 알려진 이웃 나라 독일과는 대조적으로 이곳은 '예술의 도시'로 알려져 있다. 도시 중심에는 오페라하우스나 극장이 줄지어 서 있고, 곳곳에 카페 · 콘디토라이(제과점과 카페가 같이 있는 상점)와 카페 하우스(커피 가게) 등이 보인다. 빈의 카페 문화는 유네스코 무형 문화유산에 등재돼 있으며 사람들의 생활의 일부이기도 하다.

빈에 도착해서 제일 먼저 유학 시절 단골이었던, 오랜 역사를 자랑하는 카페, '게르슈토나'의 초콜릿케이크를 먹으러 갔다. 당시, 초콜릿이라는 게 원래 이렇게 풍미가 깊었던가 하고 감탄하게 했던 그 케이크의 이름은, 가게의 상호에서 유래된 '게르슈토나토르테'. 이 가게의 간편 메뉴다. 층으로 된 초콜릿 스폰지를

판타지 세계와도 같은 가게 내부에는 아침 10시부터 연세가 지긋하신 손님들이 하나둘 찾아와 만석이 된다.

진한 초콜릿크림이 완전히 덮고 있는데, 내 기억 그대로 촉촉하면서도 농후했던 바로 그 맛이었다. 창업 이래 150년, 한 가지 레시피로 변함없이 지켜 온 맛이라고 한다.

"맛의 비밀은 듬뿍 넣은 초콜릿과 버터입니다."라고 카페 지배인이 말한다. 합스부르크 가문의 카카오 사랑은 아주 각별해서 궁전 재정을 압박했음에도 불구하고 카카오 수입을 그만둘 수 없었다는 말이 있을 정도다.

카페에서 맛보는 케이크는, 맛은 말할 것도 없고, 거기서 보내는 시간 자체가 우아하고 풍요롭다.

케이크의 달인, 엘리자베트 씨

하지만 이번 빈 여행은 이 카페의 케이크를 먹으러 온 것이 아니다. 가정의 레시피를 배우러 온 것이다. 케이크의 명인으로 평판이 자자한 엘리자베트 씨 댁을 방문했다.

엘리자베트는 이 지역에서 제법 알려진 유명인으로 수제과자 만들기를 가르치거나, 케이크의 전문가로 지역 텔레비전 방송국에 출연하기도 한다. 빈 10구의 조용한 주택가에 살고 있다. 이 지역 일대는 아름다운 바로크 건축 양식의 쇤브룬궁전의 바로 옆이라는 지역적 특성 때문인지, 근방의 주택들은 꽃으로 장식돼 있거나 벽의 색이 예쁘게 칠해져 있는 등 모든 집들이 근사했다.

'부엌 탐험'의 내 패션은 언제나 티셔츠에 동남아시아 마켓에서 산 활동하기 편한 바지가 정해진 스타일인데, 오늘은 얌전하게 테이퍼드 팬츠를 입고 오길 잘했다.

엘리자베트는 75세라고는 믿어지지 않을 정도로 젊게 보였다. 그녀는 최상의 환한 미소로 나를 반겨 주었다. 빨간 셔츠에 꽃무늬가 들어간 핑크색 앞치마. 잘 정리된 키친은 붉은색 계열로 통일돼 그녀만의 감성을 느낄 수 있었다. 맛있는 음식을 만들어 내는 부엌임에 틀림없다는 확신이 든다.

"지금부터 만들 초콜릿케이크 레류켄Rehrücken은 우리 손주들이 제일 좋아하는 케이크예요. 크리스마스, 부활절, 그리고 생일에도 만들고, 한 번에 세 개를 구울 때도 있지요. 모두들 몇 개씩 먹으니까 하나만 만들면 턱없이 부족하거든요. 다른 케이크를 만들어도 아이들이 이 케이크밖에 먹으려고 하지 않아요."라며 벽에 걸린 손주의 사진을 가리키며 자랑하듯 이야기해 주었다.

레류켄은 초콜릿케이크의 일종으로, 오래된 카페에서도 볼수 없는, 가정에서 주로 만드는 케이크다. 독일이나 오스트리아의 가정에서 생일이나 사람들이 모이는 행사 때 주로 만든다고 한다. '레Reh'는 '사슴 고기', '류켄rücken'은 '등背'이란 뜻으로, 케이크 틀을 보여 주며 "사슴의 등이란 뜻이에요."라고 가르쳐 주었다. 사슴 고기의 그릴을 본떠 만들었다고 한다.

엘리자베트 씨의 부엌은 모던하고 스타일리시해 빨간 벽이 절묘하게 어울린다.

할머니의 맛의 철학

“버터 150그램, 파우더드 슈가 150그램, 달걀 네 개, 초콜릿 70그램. 설탕은 반드시 파우더드 슈가를 써야 해요. 보통 설탕을 쓰면 반죽이 무거워져요. 이것 좀 저울에 달아 줄래요?”

엘리자베트의 레시피는 복잡하지 않다. 재료를 섞는 작업도 애용하는 빨간색의 스탠드믹서에 맡겨서 편리하다. 하지만 분량을 재는 작업에는 매우 엄격해서 내가 재료를 저울에 달 때 1그램이라도 부족하게 잡으면 “좀 더요!”라고 옆에서 있는 그녀의 손이 재촉했다.

“맛있는 케이크에는 초콜릿과 버터를 듬뿍 사용 하는 게 중요해요! 재료를 적게 쓸 거면 아예 먹지 않는 게 나아요!” 내가 다이어트하는 사람은 설탕을 조금 써도 되냐고 묻자, “달지 않은 건 케이크가 아니지요! 그럴 거면 만들지 않는 게 나아요.”라고 한다.

쪼개진 아몬드는 고슴도치의 뾰족한 털이 아니라, 사슴고기 스테이크 위에 맛을 내기 위해 꽂아 놓은 베이컨을 흉내 낸 것이라고 한다.

그렇게까지 딱 잘라 말할 정도로 맛있는 케이크를 만들고자 하는 엘리자베트의 철학에는 조금의 망설임도 없었다.

거품을 낸 머랭meringue은 반죽과 함께 전동 믹서로 윙 하고 힘차게 섞는다. 나는, 케이크를 만들 때는 거품이 죽지 않도록 고무 주걱으로 가볍게 젓는 것이 철칙이라고 배웠다. 어렸을 때 엄마는 이 단계가 되면 반드시 "사뿐하게 젓는 거 알지?"라며 고무 주걱을 건네주셨다. 그렇기에 윙— 하고 믹서로 박력 있게 섞는 엘리자베트의 대담함에는 놀라지 않을 수가 없었다. 하지만 그녀는 벌써 몇십 번, 아니 몇백 번이나 이 방법으로 만들어 왔기에 어떠한 주저함도 없이 당당함 그 자체였다.

'맛있는 요리에는 논리가 존재하는 법'이라고는 하지만, 엘리자베트의 위풍당당함은 어떠한 물리 법칙과 과학 이론도 넘어설 수 있을 것 같아 보였다.

다 구워진 반죽에, 초콜릿과 버터만으로 만든 코팅으로, 전체를 완전히 덮을 수 있도록 위에서 부으니, 케이크의 양쪽 끝까지 쭈욱 흘러 내렸다.

대담한 작업은 여기까지만. 마지막으로 쪼갠 아몬드를 하나하나 박아서 섬세하게 장식한다. 모처럼 우아하게 잘 구워진 케이크가 까칠까칠한 가시가 박힌 고슴도치처럼 되어 가니 우습기도 했다. 그리고 생크림 한 팩에 설탕을 넣지 않고 거품을 내어 휘핑크림(생크림)을 만든다. "휘핑크림이 없으면 레류켄은 완성품이라고 할 수 없어요."라는 말을 잊지 않으면서.

100년 동안 이어지는 맛

손 글씨의 레시피는 최근 아들이 조금씩 PC에 입력해 전자화하고 있나고 하니, 앞으로 또 다른 100년 동안도 계승될 것 같다.

금방 구워 낸 레류켄은 꽃들이 활짝 피어 있는 화사한 정원에서 먹었다. 커트한 케이크에 휘핑크림을 듬뿍 곁들이는데, 케이크는 농후하면서도 사뿐히 가벼웠고, 입 안의 단맛을 휘핑크림이 깔끔하게 정리해 주었다. 예상외로 산뜻하고 달콤한 맛에 저절로 "와! 레커Lecker(독일어로 '맛있다')! 정말 몇 개라도 먹을 수 있을 것 같아요."라고 하자, "그래서 세 개나 굽는 거예요."라며 뿌듯해 한다. 세 개나 되는 케이크를 둘러싼 가족들의 모습을 상상해 보니 그 행복감이 자연스레 나에게도 전해져 온다.

식후, 그녀가 소중한 레시피 노트를 보여 주었는데, 레류켄 페이지는 얼룩들이 한층 더 눈에 띄었다. 할머니의 할머니로부터 물려받은 레시피로 벌써 몇십 년째 똑같은 케이크를 만들고 있다고 했다.

"엘리자베트 씨가 75세이니, 이 레시피의 역사는…."

"100년 전부터 사용해 왔다고 할 수 있지요."

100년 동안의 변함없는 맛을, 손 글씨로 적은, 이제는 다 닳아서 너덜너덜해진 레시피가 보증해 주고 있었다. 역사를 자랑하는 카페, '게르슈토나'의 케이크와 100년 레시피의 할머니의 케이크, 두 개의 케이크는 얼핏 보면 달라 보여도 소중히 여기는 것은 같았다. 듬뿍 들어간 초콜릿과 버터, 케이크를 먹을 때만큼은 다이어트 생각은 잊어야 한다는 것.

레류켄 틀은 반달 주름 식빵 틀을 인터넷에서 구입할 수 있어요. 대용으로는 파운드케이크 틀을 사용할 수 있으며, 이 경우에는 대략 반죽을 틀의 2/3 정도만 채워 주세요.

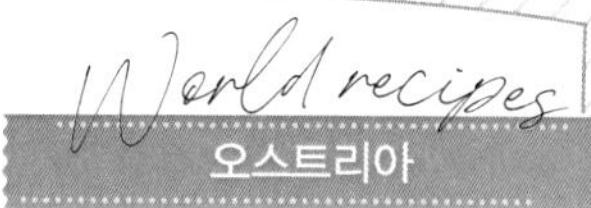

Rehrücken

레류켄

"맛의 비결은 초콜릿과 버터를 듬뿍 사용할 것. 달지 않은 건 케이크가 아니야!"
맛이 농후하면서도 사뿐히 가벼워서 순식간에 먹어 버린답니다.
재료의 분량을 줄여서 사용하지 말고 화사한 맛을 즐겨 보세요.

재료

(25cm 레류켄 틀 1개분)

	무염 버터	110g
	파우더드 슈가	110g
	달걀	3개
	제과용 초콜릿	50g
A	아몬드 가루	45g
A	박력분	45g
A	베이킹파우더	3g
B	제과용 초콜릿	70g
B	무염 버터	70g
	살구잼, 아몬드 슬리버드(길쭉하게 쪼갠 아몬드)	각 적당량

준비

- 케이크 틀에 버터를 바르고 밀가루를 붓고 탕탕 쳐서 고루 퍼지게 한다. 오븐은 180도로 예열해 둔다.
- 버터는 미리 상온에 꺼내 두고, 박력분과 베이킹파우더는 같이 섞어 체에 쳐서 받아 낸다.
- 제과용 초콜릿(50g)을 중탕해 녹인다.

만드는 방법

1 달걀을 냉장고에서 꺼내 흰자와 노른자로 나눈다. 흰자에 거품을 내어 머랭을 만드는데, 들어 올렸을 때 각이 생길 때까지 계속 젓는다.

2 다른 믹싱볼을 사용해, 버터(110g)와 설탕(110g)이 완전히 녹아 부드러워질 때까지 핸드 믹서를 사용해 잘 섞어 준다.

3 2에 노른자를 잘 섞어 주고, 부드럽게 녹인 초콜릿도 섞어 준다.

4 A를 넣은 후 또다시 섞어 준다.

5 4에 거품을 낸 흰자를 1/3씩 나누어 넣어 핸드 믹서로 제빨리 섞는다.

6 틀에 반죽을 부은 후, 가볍게 흔들어 전체로 골고루 퍼지게 한다.

7 180도의 오븐에 40~45분 굽는다. 뾰족한 꼬치로 찔러서 아무것도 묻어 나오지 않으면 완성.

8 틀에서 빼서 식힌 후 하룻밤 숙성시킨다.

9 케이크의 '등골(중앙에 움푹 팬 곳)' 을 채워 주듯이 살구잼을 일직선으로 발라 준다.

10 B를 믹싱볼에 담아 중탕해 녹여 준다. 녹아서 부드러워지면 9에 위에서부터 부어 전체를 덮어 준다. 밑에 흘러 내리면 다시 스푼 등으로 떠서 위에서 뿌린다.

11 케이크의 올록볼록한 표면 중 볼록한 부분에 아몬드 슬리버드를 균일하게 꽂는다. 드실 때는 설탕 없이 거품을 낸 생크림을 곁들여서 드세요.

산악 지역의 전통 요리인 솥뚜껑 파이 플리아Flia

산 위에 살고 있는 가족들과의 만남

코소보의 산이 얼마나 아름다운지 상상이 되는가?

그다지 알려져 있지 않지만, 코소보는 유럽에서도 자연이 아름다운 국가로 관광객들에게 인기가 많다. 국토의 절반이 산지로, 도시에서 조금만 벗어나면 만화영화 〈알프스 소녀 하이디〉에서나 나올 법한 풍경이 눈앞에 펼쳐지고, 덩그란히 놓여진 한 채의 빨간 집 주변에서 한가로이 젖소가 풀을 뜯고 있다. 그 아름다운 자연 속에서, 이 땅에서 태어난 이곳만의 요리와 만났다.

세계의 신생국 중의 하나인 코소보는 코소보 분쟁을 거쳐 세르비아로부터 2008년 독립했다. 분쟁 지역이라는 이미지가 있어 어딘가 황폐한 풍경을 상상했지만, 수도 프리슈티나의 거리는 놀라울 정도로 말끔하게 정돈돼 있으며, 멋진 카페와 고층 빌딩, 큰 교회 등도 나란히 줄지어 서 있었다.

방문한 곳은 프리슈티나로부터 40킬로미터쯤 떨어진 노보베르데Novobërdë라고 하는 마을의 산 위에서 살고 있는 가족의 집. 6년 전 인터넷 기사에서 홈스테이를 받는다고 소개 된 것을 보고 메일을 보냈던 것이 계기가 됐다. 여행객을 받는 일에 꽤 익숙한 듯, 내가 보낸 메일에 한 번에 "환영합니다. 기다리고 있겠습니다."라는 답장이 왔고, 그렇게 방문이 결정됐다. 방문 당일에는 히치하이크

도시에서 차로 한 시간가량 달리면 아름다운 산의 풍경을 볼 수 있다. 가만히 서 있으면 바람의 소리가 들려오는 듯하다.

식사용 테이블과 가스레인지는 집 건물 바깥 쪽에 있다. 집 안에서도 먹을 수 있지만 여름에는 밖에서 먹는 것이 상쾌하다.

를 하기도 하고, 길 가는 사람에게 전화를 빌리기도 했으며, 그리고, "아마 저쪽일 거예요."라고 방향을 알려 주는 사람의 도움을 받기도 하는 등, 반나절이 걸려서야 도착했다. 그런데 도착하자마자, "당신이 첫 손님이에요."라며 놀라워한다. 놀랄 사람은 이쪽이건만. 처음 메일을 보냈을 때의 그 익숙한 반응은 도대체 뭐지? 하지만 비즈니스 성향이 아닌 이런 서민적인 가족들과의 만남을 원했으므로 내게는 행운이었다!

이 집에서 요리를 담당하는 사람은 엄마 베다 씨. 남편, 세 명의 아이들과 여름 동안만 여기서 생활한다고 했다. 얼굴에 한가득 부드러운 미소를 머금은 베다는 도착한 날, 시금치가 잔뜩 들어간 피테Pite라는 큰 파이를 만들어 나를 환영해 주었다.

피테를 먹으면서 코소보 요리에 대한 이야기가 시작됐는데, '플리아Flia'라는 단어가 나오자, 아이들이 흥분하기 시작했다. 열여덟 살의 딸 엘바나는 "정말 끝내주게 맛있다니까요!"라며 신이 나서 말하고는, "그런데 만드는 데 시간이 너무 많이 걸리는 게 단점이에요!"라는 말을 덧붙였다.

마당의 화덕에서 구워야 하는, 크레이프와 비슷한 파이인 것 같은데, 이웃 사람들이나 친구들이 모이는 휴일 등 조금 특별한 날에 만들어 먹는 음식이라고 한다.

"그렇게 만들기 힘든 음식이라면 굳이…."라고 사양했더니, "코소보까지 와

(왼쪽 위) 반죽을 한 번에 붓지 않고, 한 스푼씩 떠서 방사선의 줄기 모양으로 그려 간다. (오른쪽 위) 한 번 굽고, 다시 반죽을 떠 넣어 다시 구운 후 또 반죽을 첨가한다. 삿치를 위에서 덮어 씌우는 것이 '굽는 과정' 이다. (왼쪽 아래) 층을 겹겹이 쌓아 나가면 플리아가 된다. (오른쪽 아래) 가마의 남은 숯불에 파프리카를 던져 넣어 구우면 반찬 하나가 완성된다.

서 플리아를 안 먹고 돌아가서야 되겠어!"라는 베다의 말 한마디에 다음 날 만드는 법을 배우기로 했다.

대대적인 작업의 플리아 만들기

우선 가마에 불을 붙이는 일부터 시작했다. 베다는 불을 지피고 집 뒤쪽 장작을 쌓아 놓은 곳에 가서 땔감을 가져왔다. 그러고는 어디서 가져왔는지, 방패처럼 생긴 중후한 금속 뚜껑 두 장이 눈앞에 놓였다. 사실은 방패도, 뚜껑도 아닌 '삿치'라고 불리는 조리 기구인데, 뜨끈뜨끈하게 달군 후 덮어서 방사열로 조리하는, 이를테면 산속의 오븐인 셈이다.

잘 달구어진 가마에 삿치를 넣기 위해 베다는 삿치 위에 달린 손잡이에, 긴 장대의 고리를 걸어서 들어 올렸다. 중후한 금속의 무게에 그녀의 몸이 뒤로 젖혀진다. 그다음은 플리아에 필요한 반죽과 소스를 준비. 반죽은, 빨간 플라스틱

샷치는 간이 오븐

고기나 야채를 구울 때 제일 먼저 떠오르는 도구 중의 하나가 오븐일 것이다. 샷치도 그런 오븐의 한 종류로, 오븐에 비하면 비용과 공간이 필요치 않다. 철 쟁반에 구울 재료를 올린 후, 위에서 뚜껑처럼 덮어서 열을 가해 손쉽게 구워 내는 방식으로, 과거에는 풍요롭지 못한 사람들에게 있어서 오븐의 역할을 했다고 한다.

볼에 기름병을 거꾸로 든 채 졸졸졸 부은 후, 밀가루를 투하한다. 소스는, 양동이와 같이 생긴 치즈의 빈 통에, 요구르트, 크림, 그리고 또 기름을 졸졸졸 부은 후 믹싱했다.

"기름을 너무 많이 넣는 거 아니에요?"

"무슨 소리야, 이걸로도 부족해."

망설임 없이 칼로리를 투입해 가는 베다의 손놀림은 오히려 후련하다는 생각마저 들게 했다.

드디어 굽는 단계. 가마 안에서는 샷치가 잘 달구어진 듯 했다. 크고 둥근 철 쟁반에 기름을 두른다. 이 철 쟁반에 반죽을 한 번에 부어서 가마 안에서 직접 구울 거라고 생각했는데, 베다는 한 번에 붓지 않고, 스푼으로 반죽을 한 숟가락씩 떠서 방사선 줄기 모양으로 그려 나갔다. 그러고는 철 쟁반을 직접 가마에 넣는 것이 아니라, 뜨끈뜨끈한 샷치를 가마에서 꺼내더니 철 쟁반 위에 덮는다. 귀를 가까이 대니 안에서 지글지글 하고 듣기 좋게 반죽이 익어 가는 소리가 들렸다. 지금까지 이런 식의 굽는 방법은 한 번도 본 적이 없었다! 3~5분가량 후, 샷치를 열어 보니 반죽이 고소하게 잘 구워져 가장자리가 말린 모양이 돼 있었다. 거기에 소스를 듬뿍 바르고, 구워진 반죽의 틈새에 또 생반죽을 한 스푼씩 떠서, 방사선 줄기 모양을 그려 나갔다. 그러고 다시 샷치를 덮어서 구웠다. 설마 이 작업이 수없이 반복된다는 말인가? 터무니없이 시간을 잡아먹을 듯 싶었다…. 그러나 그 설마 했던 나의 예상은 빗나가지 않았고, 샷치를 덮어 구운 후, 다시 소스와 반죽을 부어 샷치를 덮었다. 그렇게 조금씩 조금씩 구워 파이의 층을 겹겹이 만들

가마 안에서 굽는 파이

플리아는 오븐 대신 가마 안에서 달군 삿치를 사용해 가마 밖에서 굽는 파이지만, 가마 안에서 굽는 파이도 물론 있다. 대표적인 파이 중 하나가 반죽을 크고 둥글게 만들어 크림치즈, 시금치 등을 반죽 사이에 넣어 굽는 피테라는 파이. 주변국에서도 비슷한 요리를 맛 볼 수 있다. 어느 나라가 더 맛있다고 하기보다는, 막 구워 낸 파이가 가장 맛있다.

어 갔다.

베다는 몇 번이나 고리가 달린 긴 막대기로 무거운 삿치를 들었나 놨다를 반복했다. "읏샤." 하고 들어 올릴 때 새어 나오는 그녀의 소리가 조금씩 힘겹게 느껴져, "제가 할게요."라고 장대를 받아 들었다. 하지만 두꺼운 금속의 무게를 버티며 몸의 중심을 잡는 일은 쉽지 않아서, 나는 그만 비틀비틀 삿치를 떨어트릴 것 같은 모양새가 되고 말았다. 그걸 본 그녀가 단번에 낚아채 가고 만다. 엘바나가 가끔 플리아가 잘 구워지고 있는지 보러 오고, 다른 가족들도 궁금한지 지나가다가 한마디씩 말을 건넸다. 베다는 그러한 가족들의 관심이 반가운지 흐뭇한 표정으로 몇 번이나, 아니 몇십 번이나 삿치를 들어 올렸다가 놨다 하는 작업을 이어 갔다.

이 작업이 두 시간가량 진행되자 파이의 두께가 꽤 두툼해졌다. 땀범벅이 된 채 같은 작업이 반복되고, 시작한 지 세 시간쯤 지났을 무렵, 더 이상 남아 있는 반죽이 없어지자 굽는 작업도 종료됐다. "보통 때는 두 배 정도 더 두껍게 굽는데 말이야."라며 조금 아쉬워하는 듯한 기색이다. 막 구워 낸 플리아는 층층이 결이 포개진 밀크레이프Mille crepe와 비슷한 모양이었다. 처음 한줄기의 반죽에서 어떻게 이렇게까지 겹겹이도 쌓아 냈는지. 엘바나가 플리아의 커팅을 담당했다. 그녀는 "내가 만드는 것보다 엄마가 만드는 게 훨씬 맛있어요."라며 플리아 만드는 작업에 대해서는 전혀 개입하지 않았다.

기대가 절정에 달한 채, 한입 크게 베어 먹어 보니, 쫀득쫀득한 파이 기지가 고소하게 겹쳐져, 밀가루의 향과 기름의 맛이 다이렉트하게 느껴졌다. '일품의 맛!'이라기보다는 소박하고 친근한 맛이었다. 엘바나는 "위에서부터 한 장씩 벗겨 먹는 거예요."라며 신이 나서 말한다. 베다는 땀으로 머리가 뒤범벅이 된 모습이지만, 지치지도 않는 듯 "매일이라도 플리아를 만들었으면 좋겠어!"라며 얼굴 한가득 흐뭇한 표정이다. 식탁에 함께 둘러앉아 그런 가족들의 모습을 바라보고 있노라니, 플리아가 한층 더 맛있게 느껴졌다. "플리아는 아이들이 좋아하는 요리이기도 하면서, 우리들의 소중한 요리이기도 해."라고 베다가 자랑스럽게 말한다.

우리들의 소중한 요리와 변하지 않는 아이덴티티

나중에 알아보니, 플리아는 코소보 요리가 아니라, 알바니아 산악 지역의 요리라고 한다. 코소보의 주민의 90퍼센트는 알바니계 민족. 거리에는 알바니아 국기가 눈에 띄며, 들리는 언어는 알바니아어다. 만나는 사람들의 대부분이 "나는 코소보인Kosovan이 아니라 알바니아인Albanian이다."라고 강조한다. "코소보라는 개념은 최근 생겨난 것이에요. 나라는 코소보이지만 우리들 스스로는 알바니아인이라고 생각하고 있어요."라고 말한다.

하지만 구유고슬라비아 시절에는 세르비아 공화국의 일부가 되어, 알바니아어의 교육조차 금지됐다. 독립을 요구했던 많은 알바니아계의 사람들은 코소보 내전 당시 안전한 삶을 찾아 국내외로 도피했고, 이곳의 가족들도 수도 프리슈티나에서 새로운 삶을 시작했다. 그러나 아버지께서 너무나도 돌아오고 싶어 하셔서 프리슈티나의 집은 그대로 두고 여름에만 예전에 살던 이 산속 집에서 생활하기로 했다고 한다. 그 정도로 산으로 둘러싸인 이 땅에 대한 애정이 각별한 것이다.

대담한 작업을 필요로 하는 플리아를 도심의 주택에서 만들기는 어렵다. 이 요리는 이 땅과 자연스럽게 연결되어 있기 때문이다. 언어와 나라가 바뀌고 모든 것이 달라졌어도, 그렇기 때문에 더욱이, 그런 그들이 변함없이 의지할 수 있는 것은 이 땅과 이 땅에서 태어난 음식이 아닐까? 그런 생각을 하니, 베다가 꼭 보여 주고 싶어 했던 이 소박한 요리 플리아가 가족의 정체성 그 자체라는 생각에 더할 나위 없이 소중하게 느껴졌다.

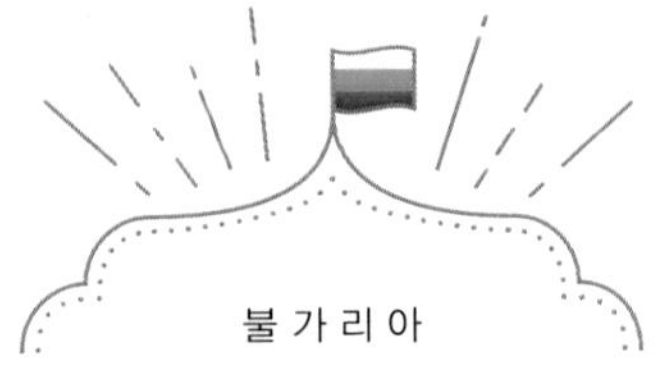

솔솔솔 뿌리기만 하면 완성되는 마법의 허브 요리

요구르트 나라의 '초록색 명산품'

'불가리아' 하면 많은 사람들이 '요구르트의 나라'를 떠올릴것이다. 실은 나도 그 정도밖에 연상되는 것이 없었다.

발칸반도에 위치하고 있는 나라이며, 그리스, 터키와 국경을 접한다. 또한, 로드피 산맥을 시작으로 수많은 산들이 자리하고 있어 낙농업과 농업이 모두 발달했다.

첫 방문은 빈 유학 시절 절친했던 불가리아인 친구가 계기가 됐다. 부엌 탐험에 흥미가 생기기 시작했을 무렵, 나의 생일에 그녀가 불가리아의 치즈파이 바니차Banitsa를 만들어 주었던 기억이 문득 되살아났다. 그녀가 자부심을 갖고 말했던 불가리아의 '식'의 세계를 탐험하고 싶어서 방문했던 적이 있었고, 이번 방문이 두 번째다.

수도 소피아에서 차를 타고 세 시간, 장미꽃으로 유명한 마을 카잔루크Kazanlak에 도착했다. 카잔루크의 시장을 걷다 보면, 싱싱한 루콜라와 바질이 꽃다발처럼 팔리고 있는 것을 쉽게 찾아볼 수 있다. 가게의 아주머니가 미소 띤 얼굴로 내게 내민 허브를 입에 넣으니, 말도 못 하게 신 맛에 몸서리가 쳐진다. 그녀는 그런 나를 보면서, "키세레츠Kiselets라고 해. 시다는 뜻이야."라며 짓궂은 아

네리의 부엌은 자연광이 환하게 비추는, 집에서 제일 좋은 위치에 자리하고 있다. 옆에는 정원으로 이어지는 내닫이창이 있어, 답답하지 않게 하루 종일 지낼 수 있다.

이처럼 웃어 보인다. 이런 허브까지 있는 걸 보면, 아직도 내가 경험하지 못한 세상이 꽤나 넓게 느껴진다.

슈퍼에 가 보면, 각종의 드라이 허브가 즐비하게 진열돼 있다. 관광지에서 판매되고 있는 컬러풀한 작은 병은 샤레나 솔Sharena sol이라는 빵에 찍어 먹는 허브 솔트다. 나중에 알아보니, 불가리아의 허브 생산량은 EU 중에서 가장 많다고 한다(EUROSTAT, 2017).

이번에 불가리아의 지인에게 "요리 솜씨가 좋은 분이야."라며 소개받아 만나게 된 네리 씨는 허브의 사용에도 능숙했다. 그녀는 이곳 카잔루크의 단독 주택에서 남편 베스코 씨와 둘이서 생활하고 있었다. 미리 적어 둔 주소지에 도착하자, 연두색의 귀여운 차 위에 포도가 주렁주렁 달려 터널을 이루고 있다. 담벼락 쪽의 작은 공간에는 각양각색의 꽃들이 옹기종기 자라고 있었다. 크지 않지만 주인의 정성이 듬뿍 느껴지는 정갈하고 아름다운 정원이다.

문 밖에서 "네리 씨!" 하고 크게 손을 흔들어 보이니, "미안해요. 초인종이 고장나서요."라며, 아름다운 여성이 현관에서 나와 방긋 웃으며 나를 맞이해 주었다. 네리는 이 정원의 분위기와 잘 어울리는 셔츠를 멋스럽게 차려입은 파란색 눈동자의 여성이다. 지역의 요리 사진 콘테스트에서 우승했던 일을 계기로 지금은 요리 블로거로 활동하고 있다. 그녀에게 있어 정원은 부엌의 일부다. 요리하는 도중에 슬쩍 정원으로 나가 바로 사용할 허브를 뜯어 온다. "이 샐러드에는 민트도 어울리고 타임을 써도 좋을 것 같네. 어느 것을 넣을까?"라고 하면서.

그냥 뿌리기만 하면 돼요

요리에 사용하는 것은 생허브뿐만이 아니다. 부엌 찬장 안에는 수많은 종류의 드라이허브가 가득했다. "허브 중에서 오레가노Oregano를 가장 좋아해요. 이 오레가노는 친정 엄마가 키워서 말려 줬어요."라며 행복한 얼굴로 보여 준 것은 오레가노가 가득 담긴 슈퍼의 비닐봉지. 나에게 있어서 오레가노는 거의 사용할 기회가 없는 허브다. 오븐 요리에는 사용하지만, 다른 사용 방법은 알지 못하고, 슈퍼에서 작은 병에 든 것을 사면 결국은 다 못 쓰고 버리곤 했다. 그러나 네리는 말한다. "뿌리기만 하면 돼요. 특별한 사용법이 있는 건 아니에요. 샐러드에도 좋고, 치즈에도 좋고, 솔솔솔 뿌리기만 하면 완성되는걸요."라며, 실제로 사용 방법을 보여 주었다.

접시에 올린 짭조름한 치즈에 오레가노를 뿌리고, 야채로 접시 둘레를 장식하면 하나의 전채 요리가 된다. 또, 멜론과 치즈를 깍둑썰기 해서 올리브 열매도 추가로 넣은 후, 그 위에 오레가노를 뿌리기만 해도 샐러드가 완성됐다. 오레가노의 풍미가, 재료의 단맛과 짠맛을 하나로 정리해 주어서 정말 솔솔솔 뿌리기만 해도 요리가 됐다. 그 밖에도 매번 식사 때마다 네리는 여러 종류의 허브 사용법에 대해서 가르쳐 주었다. 그중에서도 특히 인상적이었던 것은 사말다라Samardala라는 허브 솔트다.

사말다라는 말차 소금과 같은 옅은 녹색으로 다른 허브는 봉지나 병에 들어

(위) 3색의 식재료를 사용한 샐러드
(아래) 파프리카와 당근의 꼬랑지로 플레이팅 하는 등 보기 좋게 꾸미는 노력을 아끼지 않는다.

있는데, 사말다라만큼은 한 손으로 쥐고 편리하게 사용할 수 있는 용기에 담긴 채 키친 카운터에 놓여 있었다. 마치 후리카케처럼 간편하게 자주 사용하고 있는 것이다. 불가리아 동부의 발칸산맥에서만 자라는 허브에 소금을 넣어 가공한 것으로, 불가리아 사람들 중에서도 이 지역 사람들 이외에는 모르는 사람들이 많다고 한다. 마늘 향과 꿀 향이 난다고 해서 영어로는 '허니 갈릭'이라고 불린다. 그러나 직접 향을 맡아 보면 그런 말로는 다 표현할 수 없을 정도로 여러 가지 복잡한 풍미였다. 치즈와 같은 발효 향도 나고, 땅콩류나 캐러멜과 같이 고소한 향도 났다.

네리가 아침 식사 때 가르쳐 준 것은 허브를 빵 위에 뿌려 먹는 법. 슬라이스된 빵을 봉지에서 꺼내 접시에 올리고, 버터를 듬뿍 바른 후 사말다라를 솔솔솔 뿌리기만 하면, 그걸로 끝이다. 흰 빵 위에 옅은 녹색이 드문드문 눈에 띌 뿐 다른 재료는 아무것도 사용하지 않았다. 왠지 좀 허전해 보여 사말다라를 조금 더 뿌리려고 손을 뻗자, "그걸로도 충분해요."라며 막는다. 하지만 조식의 빵 위에 잼처럼 허브 솔트를 뿌리는 것은 불가리아 이외의 지역에서는 아직 경험한 적이 없기 때문에 의아하게 생각됐다.

그런데, 반신반의하는 마음으로 먹어 보자 '아주 복잡한 맛이 난다!' 아무것도 올리지 않은 겉모양과는 다르게, 버터의 유지방과 은은한 마늘 향이 잘 조화된 데다가, 꿀과 같은 단맛과 땅콩류의 고소함까지 더해져 이것만으로도 하나의 완성된 요리였다. "재료가 많이 들어간 샌드위치 같아요!"라고 하자, "사말다라는 마법의 소금이라니까요."라며 으쓱해한다. 눈에 보일까 말까 할 정도의 소량

커팅 보드라고 하면 거창하게 들릴지 모르지만, 말하자면 일종의 도마. 형식에 얽매이지 않는 편안한 멋스러움이 느껴진다.

인데도, 정말 마법과도 같이 빵 조각을 샌드위치로 바꿔 버렸다!

사말다라에 흥미진진해하는 나에게 네리는 미소 지으며 냉장고에서 다양한 식새료를 꺼내어 여러 가지 응용 방법을 가르쳐 주었다. 버터를 바른 빵을 목재의 커팅 보드에 빽빽히 올리고 사말다라를 솔솔솔 뿌려서 오이나 토마토를 올리면 컬러풀해서 보기에도 좋은 것이, 파티의 오픈샌드위치와도 같았다. 사말다라의 짠맛으로 하여금 오이와 토마토의 단맛을 한층 더 살아나게 했다.

마지막으로 네리는 아끼던 레시피를 가르쳐 주었다. 토마토와 한 꼬집의 설탕을 넣어서 블렌더에 돌리기를 1분. 부드러운 액체 상태가 되면 사말다라를 뿌려서 휙 하고 스푼으로 한번 저으면 냉 토마토수프의 완성이다. "베스코가 정말 좋아하는 수프예요. 너무 간단하죠?"라며 방긋 웃는 그녀. 하지만 이것으로 끝나는 게 아니라 둥글게 말린 크림치즈를 토핑한다. 네리는 심플한 요리도 보기 좋게 담아내려고 했다. "보기에 좋은 음식이, 맛도 좋은 법이지 않겠어요!"

베스코는 부인 네리의 요리를 무척 좋아한다. 어떤 날은 샐러드에 수프가 메뉴. 반드시 손이 많이 가는 요리를 하는 건 아니다.

빵에 허브를 뿌려 먹는 나라

사말다라 이외에도 빵에 뿌리는 허브 솔트로는 샤레나 솔sharena sol(직역하면 '컬러풀한 소금')이 있다. 몇 가지의 허브를 섞은 적갈색의 것으로 파프리카의 스모키한 향과 세이보리savory의 산뜻한 풍미에 끊임없이 빵을 먹게 된다. 불가리아는 터키에 이어 유럽 2위의 빵 소비국인데 그건 어쩌면 샤레나 솔 때문인지도 모르겠다.

간단하게 만드는 맛있는 허브 요리

드디어 늦은 점심. 기다리느라 배가 홀쭉해진 베스코는 토마토수프를 먹으면서, "내가 네리 다음으로 사랑하는 게 바로 이 수프죠."라며 기분이 썩 좋아진 모양이었다. 포만감이 느껴질 무렵 네리는 요리하지 않는 요리에 대해 가르쳐 주었다.

"손이 많이 가는 요리도 좋지만, 만들기 귀찮으면 아예 안 만들게 되지 않나요? 젊은 사람들도 요리를 했으면 해서, 저는 '요리하지 않는 요리cooking without cooking'를 널리 알리고 있어요." 네리가 요리 블로거로 소개하고 있는 레시피는 대부분이 간단한 가정 요리다. 많은 재료와 조미료를 준비해서 수고스럽게 요리하지 않아도 보기에도 맛있어 보이는 요리가 완성되는 것이 놀랍다. 게다가 간단한 요리라고 해도 가족들은 요리를 한다는 자체를 기뻐해 준다. 네리가 가르쳐 준 사말다라의 사용법은 정말 마법과도 같았다. 마법의 위력에 사로잡혀 버린 나는 바로 사말다라를 사러 시장으로 달려 나갔다.

허브의 나라라고 하면 만들기 어려운 요리가 많을 거라고 생각했었다. 하지만 이 나라에서 배운 건 '솔솔솔 뿌리기만 하면 완성되는, 요리를 하지 않으면서도 요리를 즐길수 있는 일상의 지혜'였다.

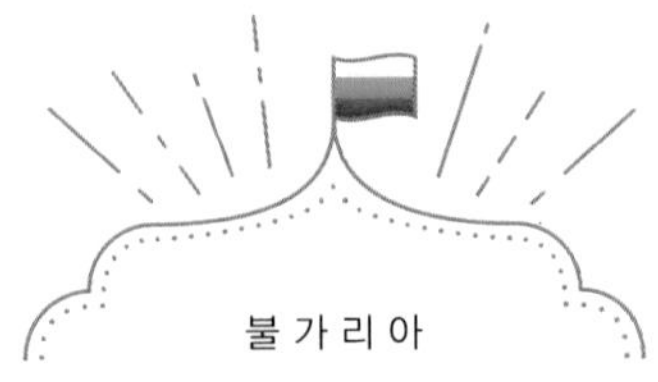

가족의 정을 돈독히 해 주는 불맛의 야채소스 루테닛사Lutenitsa

절대 양보할 수 없는 우리 집 보존식

새빨간 파프리카를 시커멓게 탈 정도로 구워서 먹어 본 적이 있는가? 구우면 꿀처럼 단맛으로 변한다. 그리고 세계에는, 이 달콤한 파프리카를 1년 내내 먹을 수 있도록 고안해 낸 사람들이 있다. 그곳이 이번에 방문한 불가리아다.

루테닛사는 구운 파프리카와 토마토가 주재료인 새빨간 페이스트의 보존식이다. 빵 위에 발라 먹는 것이 대중적인 조식으로 잘 알려져 있지만, 그대로 전채요리로 먹기도 하고, 케찹처럼 뿌려서 먹기도 하는 등, 쓰임새가 다양하다. '요르트와 루테닛사가 없는 집은 없어요!'라고 할 정도로 불가리아인들의 생활에서는 빼놓을 수 없다. 슈퍼에서도 판매되고 있지만, 식감과 풍미가 각별해서 현지인들의 홈 메이드에 대한 애착이 매우 강했다. 누구에게 물어봐도 "우리 집 루테닛사가 세상에서 가장 맛있어요!"라는 대답이 돌아오는, 불가리아를 대표하는 '가정의 맛'이다.

여름은 덥지만 습하지 않으면서 겨울은 매섭게 추운 이 나라에서는 병조림 보존식 문화가 발달했다. 수많은 병조림 중에서도 달콤하고 맛있는 루테닛사는 특별히 사랑받고 있으며, 파프리카가 수확되는 가을의 초입에 집 앞뜰에서 대량으로 굽는 풍경이 '가을의 풍물시'라고 한다.

새빨간 루테닛사는 큰솥 가득 만든다. 시판용과는 다른 거친 질감은 홈 메이드만의 특징이다.

루테닛사를 알게 된 것은 이전의 불가리아 방문 때였다. 사람들이 자기 집의 루테닛사에 대해 이야기하는 모습이 너무나 열정적이어서, 들으면 들을수록 1년에 한 번 있는 루테닛사 만들기에 동참하고 싶어졌다. 그래서 그 시기에 맞춰 불가리아를 재방문했다. 어찌 된 영문인지 나도 루테닛사의 매력에 사로잡혀 버렸던 것 같다.

방문한 곳은 수도 소피아에서 200킬로미터 정도 떨어진 드랴노보Dryanovo라는 마을에 사는 스베트라 씨의 집. 스베트라는 코에 걸치고 있는 자그마한 안경이 더욱 작아 보일 정도로 체격이 큰 여성이며, 문화인류학을 연구하고 있다.

자식들은 이미 독립했고, 지금은 85세의 어머니(불가리아어로 '마이코')와 이 시골집에서 생활하고 있다. 지인의 소개로 1년 전에 방문했을 때도 여러 종류의 요리를 가르쳐 주었다. 시골에서만 느낄 수 있는 느긋한 분위기와, 손님 취급하지 않고 식후의 설거지를 하게 해 주는 소탈함에 자연스레 마음을 열게 되어, 내 멋

스베트라 집안의 루테닛사 레시피. 자세하게 적혀 있지만, 최종적으로는 기억과 경험에 의지한다.

제일 먼저, 파프리카의 씨앗 제거 작업. 안에 꼭 붙어 있는 씨앗을 빼내려고 통통통 두들기는 소리가 끊임없이 들린다.

대로 제2의 고향이라고 느끼게 됐다. 도착하자마자 스베트라가 크게 포옹해 맞이해 주었고, 마이코도 나를 기다리고 있었다. 이 일가에게도 '우리 집만의 레시피'가 있다. 레시피는 스베트라의 할아버지 때부터 내려온 것으로, 이 레시피로 매년 루테닛사를 만들어 멀리 떨어져 살고 있는 자식들에게도 보내고 있다고 했다.

루테닛사는 꼬박 이틀이 걸리는 요리

루테닛사 만들기는 일가족이 총출동하는 이벤트다. 스베트라의 집에서는 근처에 살고 있는 이모도 합류해서 꼬박 이틀이 걸려 만들었다. 첫날은 장보기와 파프리카 굽기, 이튿날은 조리기와 병에 담기. 마이코는 나이를 느낄 수 없을 정도의 힘있는 걸음걸이로 집 안의 이곳 저곳을 분주하게 오갔다.

장보기를 위해서 마을의 시장으로 출발. 불가리아의 파프리카는 길쭉하게 생긴 것이 특징이다. 놀란 것은 한 번에 구입하는 양. "이번은 조금 적게"라고 했는데, 그래도 시장에서 산 양은 무려 20킬로그램. 파프리카 한 개당 200그램이라고 치면, 약 100개쯤은 되나 보다. 쇼핑 카트가 꽉 차서 위로 쌓아도 다 담을 수가 없었다. 이렇게나 많은 양의 파프리카를 사는 경험은 내 인생에서 처음 있는 일이다.

속이 텅 비어 있어 가벼울 법도 한데, 의외로 꽤 무거웠다. 낑낑거리며 카트를 밀고 있는데, 카트의 바퀴가 빠져나가 여기저기로 파프리카가 흩어져 버린다. 어처구니없는 광경에 스베트라와 나는 한바탕 웃고 나서 하나하나 주워 담았다.

무사히 집으로 가져온 파프리카는 꼭지와 씨를 제거한다. 그러고는 부엌의 뒤뜰에 구울 장소를 마련해 새까맣게 탈 정도로 굽는다. 숯불 위에 올려놓은 철판에 빈틈없이 나열해 한참 동안을 오로지 굽는 작업에만 몰두한다. 굽다 보면 파프리카가 소리를 내기 시작하는데, 처음에는 고음의 '쀼—' 하는 소리에서, 좀 누그러지기 시작하면 저음의 '주—' 하는 소리로, 굽는 정도에 따라 소리가 변해 갔다. "다 구워졌나?" 하고 아직 약간 고음이 날 때 뒤집으려고 하니, "좀 더 기다려."라며 옆에 앉은 마루코가 제지한다. 마이코 감독하에 세 시간을 굽는 작업에만 전념해 이제는 제법 능숙해지지, "마에스토로!"라고 칭찬을 받았다. 구운 파프리카의 껍질을 벗겨서 한입 먹어 보니,

(위) 불의 세기를 조절하면서, 마이코는 줄곧 솥 안의 상태를 체크한다. 마치 솥과 대화하듯 말을 걸어 가면서.
(아래) 오래도록 파프리카를 바라보고 있노라니, 파프리카끼리의 대화가 들려오는 것만 같았다.

꿀처럼 단 것이 너무 맛있어서 다 먹어 버리고 싶은 충동을 참는 것이 어려울 지경이었다. 구운 파프리카는 빈 냄비에 집어 던지듯 담아 뚜껑을 덮은 후 하룻밤을 보내는데, 파프리카의 남은 열로 촉촉해져서 껍질 벗기기가 편해진다고 한다.

이튿날은 토마토소스 만들기부터 시작됐다. 3킬로그램의 토마토를 썬 후, 믹서로 갈아서 퓌레 상태로 만들어 냄비에 넣고 조린다. 이때 아주 소량의 설탕을 넣으면 신맛이 부드러워진다고 한다. 그런데 레시피에 적혀 있는 이 설탕의 양 때문에 스베트라 모녀의 싸움이 시작되고 만다. "설탕은 커피잔으로 한 컵이라고요!"라며 레시피를 보란듯이 소리 내어 읽는 스베트라에 대항해 "아니 아니, 이 레시피에 써 있는 건 에스프레소용 잔을 뜻하는 거란다!"라며 마이코는 한 둘레 작은 컵을 가리켰다. 이러한 문제로 레시피의 헛점이 노출될 수도 있는 거구나.

하룻밤 동안 뜸을 들인 파프리카의 껍질을 벗기는 작업이 시작됐다. 잘 구워진 파프리카는 껍질이 쭈륵 하고 기분 좋게 벗겨졌다. 가끔 덜 벗겨지거나 씨가

번번이 되풀이되는 모녀의 말다툼. 설탕의 양을 둘러싸고 펼쳐진 논쟁은 결국, 마이코가 주장한 에스프레소 커피잔으로 결론이 난다.

새빨간 루테닛사는 커다란 솥에 한가득 넘쳐날 정도의 양을 만든다.

남아 있어도 스베트라는 개의치 않았다. "이 정도는 괜찮아. 옆집에서 준 건 씨가 잔뜩 들어 있었지? 그 집 아줌마는 손놀림이 무척 빠르거든. 씨가 들어 있는 것도 개성이지 뭐." 껍집을 다 벗긴 후, 믹서로 갈아서 부드럽게 한다. "옛날에는 훨씬 더 많이 만들었기 때문에 아버지가 고기를 가는 기계로 갈아 주곤 했지. 그 기계도 몇 년 전에 고장났지만 말이야." 라고 회상하듯 말하는 스베트라. 한 동작 한 동작에 가족이나 친구와의 추억이 고스란히 배어 있는 듯 했다.

드디어 최종 단계. 페이스트 상태가 된 파프리카에 토마토, 당근, 조미료(소금, 설탕, 기름, 커민, 후추)를 크고 얇은 냄비에 함께 넣고, 다시 부엌 뒤쪽의 장작불에서 바짝 졸여 준다. 레시피에 적혀 있는 끓이는 시간은, 대략 주걱으로 저었을 때 냄비에 주걱 자국이 남을 때까지였다. 그런데 여기서 또 한 번 작은 말다툼이 시작됐다.

스베트라 왈, "세 시간 정도 끓이면 될 거예요."

마이코의 주장은 "그렇게 길 리가 없어. 이 정도의 양이면 15분 정도면 충분해!"

맛있는 루테닛사를 만들기 위해서 서로 양보 없이 다투고, 그래도 결국에는 항상, "엄마 말이 맞았어요."라며 조금 억울하다는 눈빛으로 양보하는 스베트라의 모습이 사랑스러워 보였다. 스베트라 또한 이제는 두 명의 손주가 있는 엄연한 할머니이지만, 엄마의 앞에서는, 그저 그녀의 딸인 것이다.

대대적인 이벤트는 내년에도 계속된다

마침내 루테닛사가 완성됐다. 냄비 안의 것을 떠먹어 보니, 그 맛에 저절로 웃음이 흘러나온다. 야채의 단맛이 농축돼 있고, 커민과 후추의 톡 쏘는 매운맛과도 잘 조화된 맛. 매콤 달콤 맛있어서 한번 맛보면 바로 수저를 놓을 수가 없겠는걸. 왜 매년 힘들게 만드는지 이해가 됐다. 스베트라 모녀는 빵에 루테닛사를 발라 가면서, 서로 얼굴을 마주 보며 화사하게 웃었다. 두 사람 다, 같이 만든 올해의 루테닛사의 완성도에 흡족스러운 듯 뿌듯함이 묻어나는 얼굴이었다.

막 완성된 루테닛사는 빵에 듬뿍 발라 염분기가 강한 흰색 지스를 올려서 먹는 것이 베스트.

잼, 케찹, 피클 등이 들어 있던 병을 재활용하기 때문에 병의 크기와 모양이 제각각이다. 맨 앞줄의 병의 라벨은 라즈베리.

병에 담으니 큰 병 작은 병 모두 합쳐 스무 개 이상은 되는데, 이것들은 멀리 떨어져서 사는 자녀들에게 보내진다. 이렇게 해서 도시에서 생활하는 젊은이들에게도, 반드시 그 집안의 루테닛사가 함께하는 풍경이 만들어지는 것이다.

끊임없이 말다툼하고 나서 조금 부끄러운 듯, 스베트라가 마이코를 곁눈질해 가며 말한다.

"엄마도 이젠 연세도 있으시고 힘들어 하셔서 2년 전에 그만 만들기로 했었어. 그런데 올해 미사토가 온다고 해서 같이 만든 거였거든. 그리고 엄마랑 약속했어. 내년에도 또 만들기로 말이야."

그렇게나 한 치의 양보도 없이 다투는 것은, 루테닛사 자체가 맛있기 때문이기도 하고, 또, 둘 다 맛있는 루테닛사를 만들고 싶어서이기 때문이기도 할 것이다. 양도 많고 조리 과정에 손도 많이 가서, 어느 것 하나 협력 없이는 만들 수 없다. 모든 사람들이 "우리 집 맛이 최고!"라고 망설임없이 주장할 수 있는 것은 루테닛사가 그러한 가족들의 시간들로 꽉 채워진 유일무이의 요리이기 때문이 아닐까?

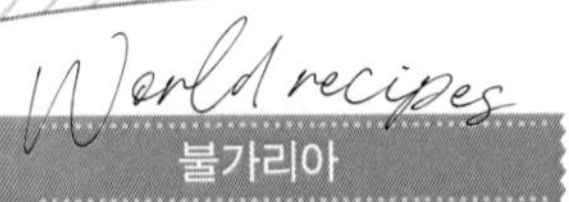

Lutenitsa
루테닛사

구운 파프리카는 꿀처럼 달아요.
나도 모르게 집어 먹게 되니까 좀 넉넉하게 준비하세요.

재료(만들기 쉬운 분량)

빨간 파프리카 ········ 500g (3~4개)
토마토(통조림도 가능) ········ 100g
당근 ········ 70g

A
- 소금 ········ 3g
- 설탕 ········ 3g
- 기름 ········ 7g
- 후추 ········ 약간
- 커민파우더 ········ 약간

현지에서는 이 양의 몇십 배의 파프리카를 장작불 위의 철판에 올려서 통째로 구워요. 불에 구운 파프리카의 고소한 맛은 각별하거든요. 바비큐 세트가 있으면, 정원에서 루테닛사를 만들어 보시길!

만드는 방법

1 파프리카의 꼭지와 씨를 떼어 낸 후 세로로 반으로 자른다.

2 파프리카를 생선 그릴이나 오븐 토스트기에 넣어 검게 탈 정도로 구워 준다. 전체가 골고루 익을 수 있게 가끔씩 뒤집어 주기도 하고 기울여 주기도 하면서.

3 구워진 파프리카의 껍질을 벗긴다. 이때 탄 부분이 남지 않게 주의한다.

4 당근은 껍질 채 전자레인지에 돌려 흐물흐물해질 정도로 가열해, 파프리카와 함께 믹서기에 돌려 퓌레 상태로 만든다.

5 토마토를 잘게 썰어 냄비에 넣어 원래 양의 반이 될 정도로 조려 준다.

6 5에 4와 A를 넣어 조린다. 양이 줄어 나무 주걱으로 저었을 때 주걱 자국이 남을 정도가 되면 완성. 식힌 후, 삶아서 소독한 병에 담아 보관한다.

집에서 만든 와인으로 환대하는 사람들

우유를 사러 잠깐 이웃에 갔더니…

몰도바는 구소련 연방의 서쪽 끝부분에 위치하고 있으며 큐슈보다도 작은 내륙국이다. 주요 산업은 농업. 습하지 않은 기후로 보리와 포도 재배가 발달됐으며, 몰도바산 와인은 일본에도 수입 판매되고 있다. 수도 키시네프Kishinev에 도착하니, 큰길이 블록으로 깔끔하게 포장되어 있고, 길거리에도 와이파이가 정비되어 있다. 7층 정도의 거대한 건축물인 국회의사당도 눈에 띄고, 잘 정리된 거리에 압도되는 느낌마저 들었다. 그러나 좁은 길에 한발 잘못 들어서면, 땅이 움푹 팬 곳이 많고, 들개들도 많아 이를 피할 수 있는 길을 찾기가 쉽지 않았다.

사실상, 몰도바는 1991년 소련으로부터 독립한 후, 경제적 곤란에서 벗어나지 못하고 있는 실정이다. 농업 이외에는 이렇다 할 산업을 갖지 못해, 유럽의 최빈국 중 하나라고 일컬어진다. 위압적인 국회의사당을 비롯해 행정 기관의 건물들은 구소련의 유산인 것이다.

키시네프에서 차로 20분 정도 가면, 바쵸이Bacioi 마을이라는 곳이 있다. 아주 조금 도시를 벗어난 것뿐인데, 포도와 옥수수 밭이 펼쳐지는 전원 풍경이 눈앞에 들어온다. 낮잠 자고 있는 개들이 집 안에 있어, 내가 온 것을 알리려고 깨워보는데, 좀처럼 일어나지 않는다. 완만히 경사진 언덕 위에서 생활하고 있는 가

낮잠을 자는 번견. 문 반대쪽으로는 포도밭이 펼쳐진다. 높은 언덕 위에 자리한 이 집의 확 트인 전경 덕에 낮잠 자는 모습이 한결 더 기분 좋아 보인다.

족의 집에서 친구의 소개로 머무르게 됐다. 이 근방의 사람들은 대부분 포도밭과 채소밭을 가꾸며, 닭을 키우고, 소나 양을 사육하는 사람들도 많다. 하지만 이번에 방문한 집에서는 이런 가축들은 찾아볼 수가 없었다. 이사 온 지 얼마 되지 않았기 때문이라고 했다. "옆집에서 우유를 받아 와 줄래? 그 집에서 소를 키우고 있어서 매일 우유와 치즈를 사거든."이라며 빈 병과 돈을 건네주었다. 이 심부름이 마을에서 겪은 체험담의 시작이 됐다.

"안녕하세요, 우유 사러 왔어요."

옆집의 문 앞에서 손을 흔들어 보이자, 이 집의 어머니 니나 씨가 나온다. 통통한 체격의 40대 여성이다. 그러자, 저쪽에서 "어서 와! 와인 한잔해!"라는 남자의 목소리가 들려온다. 시선을 그쪽으로 향하자, 테이블을 둘러싸고 친척 같은 사람들의 모임이 한창 진행 중이었다. 테이블 위에는 2리터 페트병에 담긴 와인, 접시에 수북이 담긴 흰색과 노란색의 치즈, 빵, 오이, 토마토가 놓여 있고, 구석에

주위를 둘러보면, 왼쪽도 오른쪽도 포도밭. 집 앞으로 이어지는 길 위에는 포도 터널이 만들어져 있다. 그 포도로 홈 메이드 와인을 만든다.

는 군데군데 다 먹고 난 후의 해바라기씨들의 껍질이 작은 산을 이루고 있었다. 몰도바의 가정에서는 종종 이러한 모임이 열린다고 한다. 근처에 사는 친척이나 친한 친구들을 불러, 특별한 목적 없이 이야기꽃을 피운다. 뭔가 '즐거운 냄새'가 나의 감각을 자극해 왔다. 이런 자리를 굳이 거절할 이유가 없지 않은가! 우유 심부름은 잠시 보류한 채 테이블에 동석하기로 했다.

홈 메이드 와인을 권하는 건 환영한다는 뜻

와인을 권해 준 사람은 니나의 남편 휘오도르 씨다. 칠복신* 중에서 풍요와 건강을 상징하는 신, 포대布袋처럼 풍채가 넉넉했다. 그 밖에 테이블에는 휘오도르 씨의 동생 파벨, 그의 아내 아나, 딸 미하에라, 아들 게오르그가 앉아 있었다.

"고마워요. 그런데 저는 술을 못 마셔요. 미안해요." 알코올을 잘 소화하지 못하는 체질이어서, 언제나처럼 똑같은 대답을 했다. 하지만 휘오도르에게는 통하지 않았다.

"뭐라고? 우리 집 와인을 못 마시겠다고?! 이봐 자네, 몰도바에서는 타인의 집을 방문하면, 으레 그 집의 와인을 마셔야 하는 법이야. 거절한다는 것은 아주 굴욕적인 처사이지!"

마치 와인을 못 마시는 사람이란 이 세상에 존재하지 않는 것처럼 권하길래, 하는 수 없이 찰찰 넘쳐나는 잔을 받아 들었다. 와인 맛은 잘 모르지만, 조금 미적

* **칠복신**七福神: 일본의 전통 민간 신앙에서 숭배하는 7위의 신들로, 각각의 신은 힌두교, 불교, 도교, 신교 등을 배경으로 한다. 칠복신 중의 하나인 에비스는 유명 맥주 브랜드로도 사용되고 있다.

지근한 와인을 한 모금 입 안에 머금어 본다. 깔끔하면서도 럭셔리한 맛은 아니지만, 떨떠름하면서도 농후한 향이 입 안 전체로 퍼졌다. 그 풍성함에 살며시 웃음이 흘러나온다.

열여섯 살의 미하에라는 영어 공부를 하고 있다는 이유도 있고 해서, 줄곧 내 옆에 앉아서 여러 가지 이야기를 들려주었다.

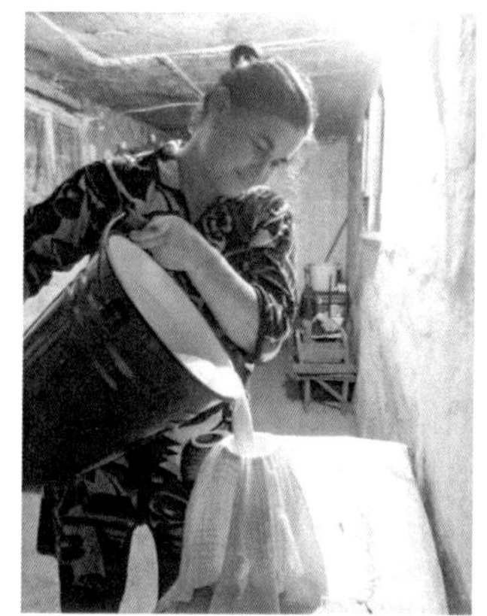

니나가 방금 짠 우유를 병에 담고 있다. 지하의 저장고에서 3일이 지난 후, 치즈 만들기를 시작한다.

"몰도바에서는 누군가 집에 찾아 오면 제일 먼저 와인을 내주거든요. 거절해도 되는 사람은 임산부 정도예요. 아 참, 그리고 차를 운전해야 되는 사람하고요."

"아, 그래? 그런데 낮에 방문해도 와인을 마셔?"

"언제든지요. 점심에도 와인을 빼놓을 수는 없어요. 저희 할아버지는 목이 마르시면 물 대신 와인을 마실 정도셨어요."

그러면서 생각이 난 듯,

"와인은 알코올이 아니라 어디까지나 '와인'이거든요. 누군가와 같이 있을 때 마시는 소셜 드링크이기도 하고, 식사 때 당연히 곁들여야 하는 소중한 일부라고나 할까…. 일상적으로 자연스럽게 마시는, 없어서는 안 될 존재죠."

집 뒤쪽의 포도밭을 보여 주었다. 이 포도가 아까 그런 와인이 되는 거구나.

"몇 주 후에 왔으면 더 좋았을 텐데. 와인 담그는 계절이 시작되거든요."

몰도바의 가정에서는 반드시 집에서 와인을 담그기 때문에 상점에서 와인을 사는 일은 없다고 한다. 수제 와인 만들기는 남자들의 몫. 아까 휘오도르가 계속 권했던 와인은 그가 손수 담근 것이었다.

손에 와인을 든 사람들이 호탕하게 웃고 있다. 대화의 내용은 모르지만, 세상만사 모든 일을 웃음으로 날려 버릴 수 있을 것 같은 활기찬 기세의 웃음들이다. 그런 모습들을 바라보고 있노라니, 내가 붙들고 있었던 작은 고민들이 아무것도 아닌 것처럼 느껴져, 기분이 한결 홀가분해진다.

그건 그렇고 테이블 위의 음식들이 궁금해서 참을 수가 없네. 치즈는 니나가 직접 만들었고, 토마토와 오이는 집 앞 텃밭에서 방금 전 수확한 것들.

"이 음식들은 식사용이 아니라, 손님들과 같이 시간을 보내기 위해서 집주인이 내놓은 경식으로, 환대의 의미를 뜻해요."라고 미하에라가 말해 주었다.

내가 몰도바의 '식'에 대해 관심이 많은 것처럼, 미하에라는 몰도바 이외의 해외 사정에 대해서 알고 싶어 했고, 대학은 외국으로 유학가서 공부하고 싶다고 했다.

"일본에서는 주로 어떤 음식을 먹나요?"

"음… 흰쌀을 많이 먹지."

"매일요? 그럼, 몰도바에서의 와인 같은 존재겠네요."

그렇게 되는 건가? 와인이 쌀만큼이나 중요하다고 생각해 본 적은 없는걸! 일본에서의 생활이나 내가 방문했던 여러 나라에 대해서 질문이 끊이지 않았다.

"외국에 가 보고 싶지만, 돈과 비자를 생각하면 도저히 불가능해요. 그래서 미사토와 같은 사람들이 와 주면, 우리들도 바깥 세상에 대해서 알 수 있는 기회가 생기는 거죠!"

그녀는 텔레비전과 인터넷을 통해 해외의 사정에 대해 다소 알고 있었다. 하지만 복잡한 국제 관계와 경제 여건 때문에 실제로 해외로 나가기란 그리 쉽지가 않은 것이다.

집으로 돌아가는 길에 하늘을 올려다보니 금방이라도 쏟아져 내릴 것 같은 무수히 많은 별들이 빛나고 있었다. 깨알처럼 많은 별들로 이루어진 유백색의 두꺼운 줄기가 눈으로 확연히 구별되는 것이, 태어나서 처음으로 은하수Milky Way라는 말의 의미를 실감했다. 오피스 빌딩의 불빛이나 현란하게 번쩍거리는 네온사인이란 찾아볼 수 없고, 주위의 공기는 더 없이 맑고 깨끗했다. 이렇게도 아름다운 별들의 밤이 이 세계에도 존재하는구나. 나도 모르게 부러운 마음이 생기는 건 어쩔 수가 없었다.

홈 메이드 와인은 지하 셀러에 저장한다. 나무통 한 개가 1년분.

치즈와 야채 모두가 직접 만든 것인데, 너무 당연한 것이라 굳이 언급하는 사람도 없다.

와인의 어두운 측면

사람들이 모여서 와인을 마시고 있을 때는 너무도 밝고 명랑한 분위기여서, 몰도바가 '유럽의 최빈국' 중의 하나라는 사실을 자주 잊어버리곤 했다.

한편, 와인은 사회 문제의 한 원인이다. 몰도바의 알코올 섭취량은 세계에서도 손꼽히며, 알코올 관련 사망률은 전체 사망률의 4분의 1을 차지해, 세계 평균의 다섯 배나 된다고 한다. 문화적으로는 알코올이 아니라는 인식이지만, 신체의 미치는 영향을 생각한다면 알코올임에 틀림없다.

또한, 미성년자의 음주도 간과할 수 없는 문제다. 몰도바의 음주 가능 연령은 만 18세이지만, 이는 법률상의 규정이며, 구입 시에는 규제할 수 있어도 집에서 만든 와인은 규제 대상이 아니다. 자랑스러운 그들의 문화가 현대 사회에서 문제를 일으키고 있다는 말을 들으니, 복잡한 마음이 든다.

귀국 후 오랜만에 미하에라에게 연락을 했다. 미하에라는 키시네프에서 대학 생활을 하고 있었다. "유학을 가지는 않고?"라고는 묻지 못했다.

"올해도 곧 있으면 와인을 담그는 계절이 돌아와요."라며 음주 가능 연령이 된 그녀는 한층 더 들뜬 목소리로 와인 이야기를 해 주었다. 올해도, 내년에도, 내후년에도, 집에서 직접 만든 와인을 둘러싸고, 모두가 웃으며, 그리고 건강하게, 소중한 사람들과 즐거운 시간을 함께하기를 소망해 본다.

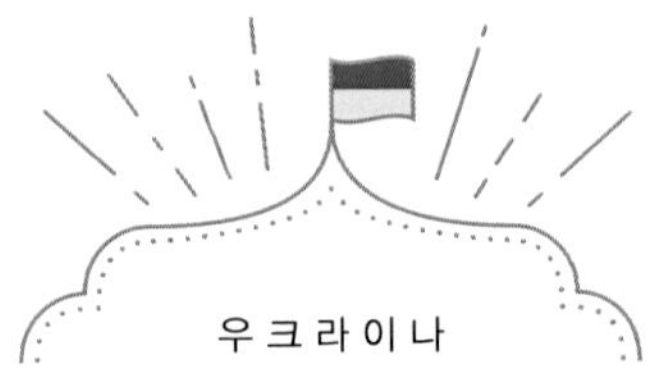

이름 없는 감자 요리와 부엌에서의 소소한 재미

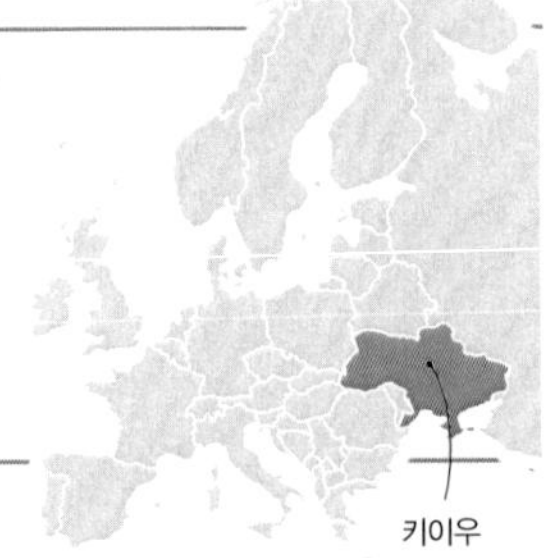

잊히지 않는 감자 요리

유럽에서, 아니 세계에서 가장 흔한 식재료 중 하나가 감자일 것이다. 세계 각지에서 많은 감자 요리와 만나 왔지만, 가장 기억에 남는 요리는 특별한 요리도 아니고 그다지 눈에 띄는 요리도 아니며 이름조차 없는 요리였다. 그 이유는, 각별히 맛있어서도 아니고 그 지역에서만 맛볼 수 있는 요리여서도 아닌, 평범한 가정의 부엌에서만 경험할 수 있는 즐거움으로 가득 찬 요리였기 때문이다.

세계 여러 나라에서 맛있게 먹어 본 감자 요리는 적지 않다. 리투아니아의 속이 꽉 찬 거대한 감자떡 같은 요리 체펠리나이Cepelinai, 벨라루스의 드라니끼*, 프랑스의 알리고** 등등. 감자를 능숙하게 이용해서 만든 유니크한 요리를 세계 각국에서 만나 볼 수 있다. 그러나 우크라이나의 가정에서는 특별히 개성 있는 요리가 아닌, '요리하는 시간 자체를 즐기는 법'을 배웠다.

천진난만한 청년과의 만남

우크라이나에 사는 그 청년의 집을 방문한 것은 8년 전, 본격적으로 해외의

* 드라니끼Draniki: 감자부침과 비슷한 요리. 벨라루스의 감자는 쫀득쫀득해서 한층 더 맛있다. 생크림을 발효시킨 사워 크림을 곁들여 먹는다.

** 알리고Aligot: 감자에 치즈 등을 넣어 만든 농후한 매시드 포테이포. 점도가 높아 쭈욱 늘어나는 게 특징이다.

크림으로 간을 익힌 즉흥 요리. 농민이 많았던 우크라이나는 육체 피로를 견디기 위한 스태미나 요리를 많이 먹었다.

부엌 탐험을 시작하기 전의 일이었다. 우크라이나는 '유럽의 빵 바구니'라고 불리는 농업국으로, 감자의 생산량은 세계 3위(FAOSTAT, 2018). 지리 시간에는 농업에 매우 적합한 비옥한 토양, 체르노젬(흑토 지대)이 분포하고 있다고 배웠다.

그의 이름은 로무코. 수도 키이우에 살고 있고, 당시 30살 정도쯤으로 보였다. IT 엔지니어로 일하고 있다고 했다. 내가 동유럽 배낭여행을 하고 있을 때, 유학 시절 친구의 소개로 신세를 지게 됐다. 수염이 덥수룩하고 키도 커서 첫인상이 매우 무서웠지만, 항상 배고프지 않냐며 걱정해 주는 바람에 무섭다는 생각은 이내 사라졌다. 배가 고프지 않은지를 걱정해 주는 사람은 친엄마처럼 따뜻함이 느껴진다. 국제 정세에 밝았고, 정치, 러시아와의 관계, 우크라이나의 경제적 과제 등, 다양한 현안 문제에 대한 이야기를 해 주는 그가 어른스럽게 느껴졌다.

하지만 그런 그가 부엌에만 들어가면 천진난만한 소년처럼 일변했다.

그날 저녁은, 보통 때는 떨어져서 지내는 부모님과 남동생이 같이 모이는 자

시장에 진열된 세 종류의 감자. 자세히 보면 가격뿐만 아니라 색감도 조금씩 다르다.

얼핏 보면 축구 골대 같지만, 실은 길가의 수박 파는 가게. 농업국인 만큼 여름철에는 값싸고 맛있는 수박이 지천이다.

리였다. 로무코가 부엌에 섰지만, 특별한 요리를 할 모양새는 아니고, "뭘 만들면 좋을까?"라고 혼잣말을 해 가며 가까이에 있던 감자의 껍질을 벗기기 시작했다. 우크라이나의 감자는 일본 것에 비해 조금 더 커서, 아이처럼 손이 작은 나는 한 손으로 다 쥘 수가 없었다. 건네받은 패티나이프로 감자와 고전을 치르고 있는데, 이상한 모양의 감자 하나가 내 눈에 띄었다. 옆에 있던 로무코가 짓궂게 웃더니 "두리뭉실한 개처럼 생겼네."라며 감자에 손을 뻗었다. 그러고는 눈 부분을 칼로 둥글게 조금 도려낸 후, 생각났다는 듯이 부엌 수납장을 열었다. 무언가를 찾더니, 요오드 성분의 구강제가 담긴 작은 병을 꺼내어 도려낸 부분에 한 방울 떨어뜨리는 것이다. 그는, 초등학교의 과학 실험에서 해 본 적이 있는, 요오드 녹말 반응을 이용해서 개한테 검은 눈을 만들어 준 것이었다.

"아까보다 훨씬 더 개처럼 보이지?"

요리하는 도중에 갑자기 구강제가 출연하다니! 다 큰 어른이 당당하게 음식 가지고 장난을 치는 모습이 더없이 천진난만하고 즐거워 보였다. 그 후 감자는 매시드 포테이토가 됐고, 사워크림sour cream으로 간liver을 익힌 갈색 빛 즉흥 요리와 함께 플레이팅 됐다. 이름도 없는 감자 요리의 메인 디너가 탄생한 셈이다. 일가족과 작은 테이블에 둘러앉아, 아까 그 귀여운 개 이야기를 하며 한참 동안을 웃었다. 요리의 맛은 거의 기억을 못하지만, 그들과 함께 웃었던 기억만이 생생히 남아 있다.

부엌에서만의 요리의 즐거움

일가족이 모인 저녁 식사. 구소련 시절부터의 좁은 공동 주택으로 나이닝 룸이 따로 없다. 시재에 무리히게 놓은 테이블 의자에 앉으면, 모두의 등이 벽에 붙을 것 같다.

왜 이 요리가 잊히지 않고 기억에 남아 있나를 곰곰이 생각 해 보았다. 감자의 모양 따위는 별것 아닌 사소한 일이지만, 그러한 작은 소재를 그냥 지나치지 않고 즐거움으로 바꿀 수 있는 건 일반 가정의 부엌에서만 가능한 일이고, 그러한 부엌의 가능성이 너무도 매력적이란 생각이 들었다. 그 지방의 특별한 재료가 아니고, 깜짝 놀랄 만큼 맛있는 요리가 아니더라도, 어디를 가던지 흔히 구할 수 있는 감자만으로, 소소하지만 그렇게나 즐거운 시간이 만들어질 수 있는 것이다.

내가 가정의 부엌에 집착하는 이유 중 하나는, 즐거움을 발견할 수 있는 곳이고, 직접 만들었을 때의 기쁨을 만끽할 수 있는 곳이기 때문이다. 세계 각지의 부엌을 방문하는 일이 잦아지자, "희귀한 요리 많이 먹어 봤나요?", "그 지역의 특색이 강한 가정 요리는 어떤 게 있나요?"라는 등의, 무언가 특별한 것을 기대하는 질문을 받는 경우가 있다. 나도 그러한 질문에 답하고자 '현지의 특별한 요리'를 의식하기도 한다. 그런 것도 물론 흥미는 있지만, 일품요리는 유명 레스토랑에 가면 먹을 수 있지 않은가. 하지만, 이 감자가 만들어 내는 소소한 즐거움은 가정의 부엌이 아니면 느낄 수 없고, 이런 점이야말로 평범한 가정 요리의 매력이 아닐까라고 생각한다.

부엌 탐험에서 만나고 싶은 건, 그 가정에서 사람들을 웃게 해 주는 특별하지 않은 요리, 시선을 끄는 요리라서가 아니라, 일상에서 사람들이 요리하는 시간 자체를 즐길 수 있는 요리다. 그러한 요리들과 앞으로도 만나 보고 싶다. 이름도 없는 로무코의 감자 요리는 '부엌 탐험'의 원점에 대해 다시 한번 생각하게 해 주었다.

유니크한 도구가 가득

세계 각지의 조리 도구

세계 각지에서 다양한 음식을 즐길 수 있는 것처럼, 그 나라·지역에서만 사용되는 조리 도구 또한 다양하답니다. 여행에서 만난 독특한 아이템들을 소개할게요!

모리닐로
[콜롬비아]

초코라테(핫 초코)를 만들 때 쓰이는 필수 아이템. 프로펠러와 같은 날개 모양이 풍성한 거품을 만드는 비결이라고 하네요. 오랜 된 것은 색이 짙게 변색됐고, 각이 살아 있던 날개 끝이 열로 인해 둥그스름해진 상태.

추시코펙크
[불가리아]

직역하면 '파프리카 · 오븐'. 원통 모양의 오븐에 파프리카 한 개를 통째로 넣고 콘센트에 꽂으면 불과 몇 분 만에 새까맣게 구워집니다. 둥근 모양의 파프리카를 사방으로 골고루 구울 수 있어서 편리해요.

빙빙 돌려서 회전시키면
핸드블렌더와 같은 기능도
한답니다.

마후라카
[수단]

머리 부분은 둥글고 T 자의 양 끝부분이 뾰족해서, 이러한 모양 덕분에 여러 가지 역할을 해낸답니다. 자루 부분을 나무 주걱처럼 쥐고 야채를 볶거나, 두 손으로 꼭 쥐고 돌려 가며 쌀 알갱이를 저어 부드럽게 죽을 쑤기도 해요.

사피하로
[타이]

아시아의 여러 나라에서는 스파이스를 으깰 때 석재의 절구가 자주 사용됩니다. 이를 아카족의 사람들은 대나무로 만들었어요. 아치나 고추 같은 스파이스류를 넣어 봉으로 땅땅땅 두들겨 으깹니다. 사피하로는 아카족어.

대나무의 형상을 그대로 살리면, 마디와 마디 사이의 비어 있는 공간이 있어 절구로 사용하기 딱 좋아요

마나쿠라
[팔레스타인]

애호박의 안을 동글게 도려내고 간 고기와 쌀을 꽉 채워 익히는 '쿠산마흐쉬Kousa mahshi'는 전형적인 가정 요리로 이 도구가 반드시 사용됩니다. V 자형의 한쪽 칼날만 지그재그로 되어 있어, 돌리면 애호박의 속이 쏘옥 도려져요.

애호박의 머리 부분에 찔러서, 왼손으로 잡은 애호박 쪽을 돌려 가며 도려내요.

파라마
[수단]

반달 모양의 나이프로, 야채를 곱게 다질 때 특별히 편리한 도구예요. 좌우로 중심을 움직이면, 모로헤이야Moroheiya가 잘게 잘라집니다. 리드미컬한 동작으로 칼질을 재미있게 할 수 있답니다.

간편한 야채 절임기
[인도]

간단한 아이디어를 상품화했네요. 안의 용기가 채반으로 되어 있어, 위로 들면, 절이고 난 후 남은 수분이 밑으로 빠져 절여진 야채를 바로 꺼내서 먹을 수 있어요. 기둥에 수납된 집게를 이용하면 설거지가 간편해져요.

부엌은 좁으면 '넓혀서 사용할 수 있는' 공간

구사회주의 동유럽 국가를 방문하면, 부엌을 필요에 맞추어 '넓혀서 사용하는' 테크닉에 놀라곤 한다. 이 지역의 공동 주택은 대부분이 좁은 경우가 많다. 소련 시대에 급증한 도시부의 주택 수요에 대처하기 위해 임시방편으로 지어진 건물이 아직도 사용되고 있는 것이다. 보통의 부엌 넓이는 6제곱미터 정도. 얼핏 들으면 그다지 좁을 것 같지 않지만, 테이블과 의자를 놓고 다이닝 룸을 겸하고 있기 때문에 조리에 사용할 수 있는 공간은 얼마 되지 않는다. 그러한 제한적인 환경이 그들의 '크리에이티브한 아이디어' 를 한층 돋보이게 한다.

불가리아에서 방문한 공동 주택의 부엌에는 가스 곤로가 눈에 보이지 않았다. 문득 창문 밖으로 시선을 돌리니, 부엌에서 이어지는 베란다 쪽에 놓여 있는 것이다. 부엌에서 씻은 야채를 가지고 나가서, 어깨 폭 정도밖에 되지 않는 베란다에서 능숙하게 조리한다. "부엌을 넓게 사용할 수 있고, (조리 열로) 실내가 더워지는 것을 방지할 수 있으니 일석이조이지 않겠어?" 라고 당연하다는 듯 이야기한다.

조리대의 뒤쪽을 보면, 폭 15센티미터 정도의 자투리 공간에 작은 문이 여러 개 달려 있는데, 안에는 병이 가득 보관돼 있다. 이렇게 작은 공간조차도 남김없이 수납공간으로 바꾸어 생활하고 있는 것이다. 또 다른 불가리아의 가정을 방문했더니, 곤로가 레인지 위에 놓여 있다. 일부러 올려놓은 것이라기보다는, 오븐레인지의 윗면이 전기 곤로로 되어 있는 복합형 조리 기구다. 오븐으로 무사카Moussaka(그라탕과 같은 요리)를 구우면서, 그 위에서는 수프를 만들 수 있다. 스페이스와 열을 효율적으로 사용할 수 있게 고안해 낸 아디디어에 고개가 끄덕여진다.

부엌은 소행성이다. 매일 사용하는 곳이기 때문에 더욱 편리하고 즐겁게 사용하기 위한 아이디어가 축적되어 있는 곳. '부엌' 이라는, 제한된 환경하에 정해진 공간을 여러 가지 발상으로 필요에 따라 확장시켜 버리는 인간의 창의적 사고는 예술성마저 느껴지게 한다.

중남미의 부엌
Latin American Kitchen

아바나

쿠바의 국민 요리 프리홀레스Frijoles

장보기는 하루가 걸리는 긴 여행

쿠바는 카리브해에 떠 있는 섬나라. 2018년에 방문했다. 역사를 좋아하는 사람에게는 쿠바 혁명이나 체 게바라, 승용차를 좋아하는 사람에게는 클래식 카가 달리는 나라로 알려져 있다. 쿠바는 2015년 미국과 국교를 회복했다. 쿠바 혁명 이래, 54년간 닫혀 있던 문이 열리면서 여행하기 쉬워졌지만, 여행을 좋아하는 사람들 사이에서는 "지금 가지 않으면 쿠바스러운 쿠바를 볼 수 없게 될 거야!"라는 말이 번번이 오갔다. 그즈음, 대학 후배가 현지에 주재하게 됐다. "한번 꼭 오세요!"(분명 다른 사람에도 인사치레로 했을 법한 말)라는 말을 곧이곧대로 받아들여, 쿠바를 방문했다. "고맙다 후배야!" 쿠바에 대한 관심과는 정반대로, 쿠바에 대한 지식이 거의 없는 채로 현지로 향했다.

쿠바에 도착하니, 도로에는 클래식 카뿐만 아니라 마차도 달리고 있었고, 식료품은 배급제, 인터넷은 공원에 가지 않으면 연결이 되지 않았다(그것도 1분당 계산하는 유료제). 이러한 모든 것이 신선하게 느껴졌다. 그 배경에는 쿠바 혁명 이후에 계속되는 미국의 경제 제재가 존재한다는 것을 알게 됐다. 타국과의 무역이 제한돼 만성적인 물자 공급 부족으로 경제가 불안정한 상황이었다. "국교 정상화로 관광객들은 늘었지만, 서민들의 생활은 아무것도 달라진 것이 없어."라며

마리린의 부엌은 흰 타일의 벽으로 밝은 분위기다. 집 크기에 비해 키친이 꽤 넓은 편이며, 곤로가 네 개나된다.

택시 운전수가 쓴웃음을 보인다. 이러한 사회적 배경이 쿠바만의 '식의 풍경'을 자아내고 있었다.

후배의 소개로, 수도 아바나에서 가사 도우미로 일하는 마리린 씨의 집을 방문했다. 아들, 연금 생활을 하시는 어머니와 함께 3세대가 같이 생활하고 있었다. 나는 스페인어가 안 되지만, 마리린은 그걸 알면서도 거리낌없이 내게 말을 걸어왔는데, 그런 그녀가 어딘가 자연스럽고 편안하게 느껴졌다. 언어가 통하지 않더라도, 무언가를 전하기 위해 내뱉어진 말은 이상하게도 상대방이 이해하게 되는 경우가 많다.

우선 우리는 같이 장을 보러 나갔다. 향한 곳은 아그로, 정확히 말하면 아그로 메르카도Agro Mercado로, 직역하면 농산물 시장이라고 불리는 옥외 시장이다. 어디서나 흔하게 찾아볼 수 있는 시장으로, 근방에서 수확된 농산물을 취급했다. 야채와 고기 생선 등은 배급 품목에서 제외되기 때문에 시장에서 구입한

아그로에서 장보기. 오크라의 선별 방법은 손으로 쥐고 끝부분을 엄지손가락으로 눌렀을 때 반사적으로 되돌아오지만, 너무 딱딱하지 않을 것. 한 개 한 개 세심히 확인한 후 구입한다.

다고 했다. 그러나 시장이라는 단어에서 상상될 만큼 많은 종류가 거래되는 것은 아니고, 눈에 들어오는 것은 카사바, 강낭콩, 거기에 몇 종류의 야채와 과일 정도. 동네의 작은 농산물 직판장이라는 느낌이었다. 마리린은 긴 강낭콩과 오크라, 그리고 망설이다가 구아바 다섯 개를 신중하게 골라서 샀다. "야채와 과일이 비싸거든. 그래도 구아바는 살 수 있지만 오렌지, 레몬과 같은 감귤류는 비싸서 살 엄두가 나지 않아."라고 하면서.

아보카도는 망설인 끝에 결국 사지 않았다. 질에 비해 비싸다고 했다. 다음으로 찾아간 아그로에서 팔고 있는 아보카도도, "딱딱하고 크기가 작네."라며 사지 않았다. 조금 멀지만 약간 질이 좋아 보이는 상품들을 거래하는 세 번째의 아그로에서 드디어 납득할 만한 아보카도를 발견한 그녀는, "그런데 좀 비싼걸."이라며 불만 섞인 말투로 단지 한 개만을 구입했다.

장을 보기 위해 두세 곳을 다니는 것은 보통 있는 일이라고 한다. 필요한 재료를 싸게 사기 위해 여러 곳을 돌아 다니다가 결국 마음에 드는 게 없어서 아무것도 사지 못하고 마는 경우도 있다고 했다.

"달걀은 특히나 구하기가 힘들어. 우리 주인은 항상 달걀을 사고 싶어 하지. 그래서 내가 다니다가 보이면 즉시 연락을 해. '지금 사 둘까요?'라고 말이야."

검은 수프와 나무에서 숙성된 아보카도의 감동

그러한 이야기를 하면서, 장보기의 긴 여행을 끝내고 집에 돌아오자, 부엌에서는 마리린의 어머니가 이미 콩을 삶기 시작했다. 오늘의 점심은 프리홀레스.

쿠바의 국민적인 요리라고 불리는 '검은 강낭콩 수프'다. 냄비를 들여다보니, 약간 보랏빛이 도는 검은 액체가 부글부글 끓고 있다.

냄비 안을 들여다 보면 새까만 프리홀레스가 한가득.

마리린은 뒤뜰의 싱크대에서 야채를 씻는다. 길쭉한 강낭콩은 브러시를 사용해 표면이 벗겨질 정도로 꼼꼼하게 닦았다. 오크라도 하나씩 하나씩 문질러서 정성껏 닦았다. '농약을 제거하려나 보다'라고 생각했는데, "흙이 묻어 있어서 깨끗하게 씻어야 돼."라고 한다. 쿠바의 대부분의 야채는 화학 비료를 사용하지 않는 유기 농업으로 재배하고 있다. 실제로 쿠바는 유기농 대국인데, 그 이유는 화학 비료의 수입이 충분하지 않기 때문이라고 한다.

두 번 튀겨 낸 바나나 토스토네스. 달지 않고, 표면이 바삭하며 프라이드 포테이토와 같은 식감.

부엌에 체격이 큰 마리린 모녀 두 명이 같이 서면 공간이 꽉 차서, 좁은 공간에서 서로의 몸을 잠깐씩 누르기도 하고 또 눌리기도 하면서 요리를 했다. 오크라는 달걀과 볶아서 스크램블드에그를 만들고, 풋강낭콩은 살짝 볶아서 접시 위에 올렸다. "이것 좀 잘라 줄래?"라며 건네준 아보카도는 내 손으로 쥐기에는 크기가 컸고, 자르기도 전에 녹아내릴 것처럼 물컹물컹했다. 풋강낭콩 접시의 가장자리에 꽃처럼 장식해서 올려놓으니 손님 접대용으로도 손색이 없는 요리 하나가 완성된다. 플랜테인(조리용 바나나)을 으깨서 반죽해 두 번 튀겨 낸 토스토네스 Tostones는 쿠바의 가정에서 주로 먹는 서브 메뉴다.

프라이팬에 기름을 둘러 달군 후, 마늘, 양파, 그리고 아히(깨와 비슷한 모양의 맵지 않은 청고추)를 볶아서 향을 내어, 검은 강낭콩을 푹 삶아 놓았던 냄비에 모조리 집어넣는다. "이 향이 무엇보다 중요해."라는 마리린. 담백한 콩조림이 어느새 향이 짙은 수프로 변신했다. 소금 간을 하고, 살짝 끓여서 수분이 어느 정도 날아

오늘도 가족이 모여 즐겁게 프리홀레스를 먹는다.

가면 프리홀레스의 완성. 밥을 접시 위에 펴 담은 후, 반만 프리홀레스를 담으니, 흑백의 콘트라스트가 선명하다.

식탁을 장식한 오늘의 메뉴는 흑백의 프리홀레스 & 밥, 황금색의 토스토네스, 오크라의 스크램블드에그, 그리고 아보카도와 풋강낭콩. 세 종류의 반찬은 모두 같은 꽃 모양의 플라스틱 접시에 담겨 테이블에 가지런히 놓였다. "오늘은 반찬이 조금 많네."라고 했지만, 나중에 알게 된 정보에 의하면, 평소보다 상당히 분발해 주었던 모양이었다. 메인 디시인 프리홀레스는 소금 간을 기본으로 한 심플하면서도 질리지 않는 맛으로, 식욕을 자극하는 마늘 향이 살아 있어 한입 먹어 보면 스푼을 놓을 수 없게 된다. 마리린은 튀긴 토스토네스를 프리홀레스에 적셔 먹었다. 플랜테인은 바나나라고는 하지만 그다지 달지 않고 감자와 비슷한 맛이 났다. 내가 감동한 것은 아보카도. 나무 위에 달린 채 천천히 숙성됐기 때문에 입 안에서 살살 녹을 정도로 달았다. 내가 지금까지 먹어 왔던 아보카도는 도대체 뭐지, 하는 생각이 들 정도로. 아보카도를 계속 떠 먹는 나를 보고, "비싸도 사길 잘했네."라며 마리린이 흐뭇해한다. 일본에서는 아무리 식재료가 넘쳐나도 나무 위에서 자연스럽게 숙성된 아보카도를 먹어 보기란 거의 불가능하다.

변하지 않는 식탁의 안심감

식사가 끝난 후, "이건 우리 집에서 가장 중요한 물건이야."라며 선반에서 꺼

일가에 한 권씩 배급 수첩

쿠바는 경제 제재하에서의 효율적인 식량 분배를 위해 배급 시스템을 취하고 있다. 노트를 펼치면, 매월 지급받는 식량의 항목이 적혀 있다. 검은 강낭콩과 쌀을 필두로, 기름, 소금, 설탕, 그리고 커피 등의 필수품까지. 양과 내용은 연령 등에 따라 다르지만, 콩과 쌀은 전 국민이 절대적으로 지급받는 것이 보장되는 식료품이다. 덧붙여 말하면, 특산물에 해당하는 커피는 기호 식품이 아니라 필수품이라고 한다.

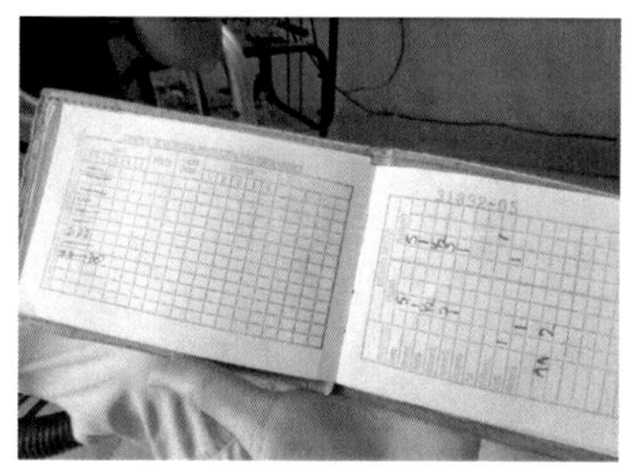

낸 작은 수첩을 보여 주었다. 배급 수첩이었다. 한 세대에 한 권씩, 전 국민이 반드시 소지하고 있으며, 이것을 가지고 배급소에 가면 약간의 현금으로도 식료품을 구입할 수 있다고 했다.

"하지만 배급만으로는 턱없이 부족해. 커피는 세 번 마시면 바닥이 나거든."

콩과 쌀은 배급으로 충당할 수 있지만, 야채와 과일은 배급 품목에서 제외된다. 부족한 것은 오늘처럼 시장에서 구입해야 하는 실정인 것이다.

"콩과 쌀은 싸게 살 수 있지만, 야채와 과일이 비싸거든. 고기를 먹을 수 있는 건 2주에 한 번인걸."

달걀은 배급 품목이지만, 허리케인이 지나간 후에는 결품되어 배급이 정지되기도 해서 시장에서 구입하는 것이 한층 더 곤란해진다. 이러한 사정을 배경으로, 단백질이 부족할 수밖에 없는 서민들의 식탁에는 날마다 프리홀레스가 올라온다. 쿠바에서는 이 가정을 포함해 여섯 곳을 방문했지만, 어느 가정을 가더라도 날마다 프리홀레스가 등장했다. 프리홀레스는 배급을 받는 전 국민에게 친숙한 요리다. '매일 같은 음식을 먹으면 질리지 않을까'라고 생각할지 모르지만, 질리기는커녕, "좋아하는 음식이 뭐예요?"라고 마리린과 아들에게 물으니, "프리홀레스!"라는 즉답이 돌아왔다. 식량 부족에 대한 불안감을 넘어서, 매일매일 안심하고 즐길 수 있는 '변함없는 식탁'이야말로 사람들의 웃는 얼굴을 지탱해 주는 요리인지도 모르겠다.

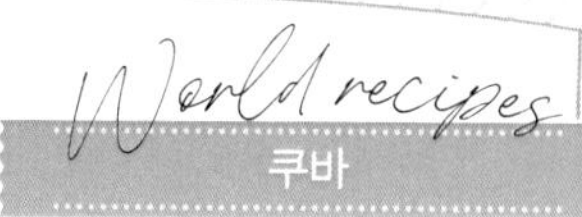

Frijoles

프리홀레스

쿠바의 국민 요리라고 불리는 검은 수프 프리홀레스
생긴 것하고는 전혀 다르게, 소박하면서도 질리지 않는 맛이랍니다.

재료(2인분)

블랙빈즈 통조림	1개(425g)
마늘	1쪽
양파	1/4개
피망	1/4개
올리브오일	1큰술
오레가노(드라이)	1/4작은술
커민파우더	1/2작은술
소금	약간
화이트 와인 비네거	1큰술
밥	2공기

이 요리에 사용하는 콩은 스페인어로는 프리홀레스 네그로스(frijoles negros), 영어로는 블랙빈즈, 일본어로는 검은 강낭콩이다. 콩자반에 쓰이는 검은콩과는 다르기 때문에 주의해야 한다. 수입품 판매처나 인터넷에서 구입할 수가 있으며, 대용으로 할 경우에는 키드니빈즈(빨간 강낭콩)를.

만드는 방법

1 마늘, 양파, 피망을 잘게 다진다.

2 냄비에 블랙빈즈 통조림을 국물까지 다 넣은 후 살짝 끓여 준다.

3 프라이팬에 올리브오일을 두른 후, 1을 넣고 약한 불에서 볶는다. 향이 올라오기 시작하면 오레가노와 커민을 넣어서 조금 더 볶아 준다.

4 3을 2의 냄비에 넣고 소금으로 간을 한 후, 수분기가 없어져 걸쭉해질 때까지 20분 정도 졸인다.

5 마지막으로 화이트와인 비네거를 넣고, 한 번 끓여낸다. 밥을 접시에 담은 후, 프리홀레스는 밥 위에 반만 담아낸다.

마야지구아

국민의 식탁을 책임지는 농부

지역 주민이 발길이 끊이지 않는 활력 넘치는 농가를 향해

쿠바의 부엌을 방문하고 난 후, 이 나라에 대해 좀 더 깊숙이 알고 싶어졌다. 유기농 대국으로 알려져 있는데, 그 많은 사람들의 식탁에 도달할 정도의 검은 강낭콩은 어떻게 재배되는 걸까? 밭에 가 보고 싶었다. 아바나공원의 저속 공공 와이파이를 이용해서 농가를 검색해 방문을 받아 줄 사람에게 연락을 했다. 어떻게 연락처를 알았냈는지는 잘 기억나지 않지만, 아마 인터넷 기사를 찾아서 발견한 농가의 페이스북Facebook 페이지에 메시지를 보냈던 것 같다. 인터넷 연결 사정은 농가 쪽도 마찬가지였다.

하루에 한 번 정도밖에 연락을 주고받을 수 없는 메시지에 희망을 걸고, 약속이 확정됐는지 제대로 확인하지도 못한 채, 짐을 챙겨 농가로 향했다.

내가 찾아간 곳은 아바나로부터 400킬로미터 떨어진 마야지구아Mayajigua라는 시골 마을의 티티 씨 일가다. 티티는 이 지역의 중심 인물로, 3년 전부터 부인 에스더 씨와 함께 관광 농업을 시작했다. 농삿일과 산길 걷기 등 여러 종류의 체험 프로그램을 만들어 지역 주민들과 함께 운영하고 있었다. "이 지역(커뮤니티)의 여성들은 일하고 싶은 의욕이 있어도 근방에서는 일자리를 찾을 수가 없

제철을 맞이해 밭에는 검은 강낭콩이 한창이고, 전 시즌의 남은 옥수수도 드문드문 눈에 띈다.

어. 그래서 일을 만들어 수입을 얻게 해 주고 싶어서 시작했지."라고 하는 티티의 말대로, 프로그램의 실행과 숙박자의 식사 제공 및 청소 등, 모든 것을 지역 주민들이 맡아서 하고 있었다. 집에는 가족뿐만 아니라 이웃의 여성들이 빈번히 왕래해 따분할 틈이 없고 활기가 넘쳐났다.

이때는 나 이외의 다른 손님은 없었지만, 보여 준 앨범에는 세계 각지에서 방문 한 여행자들과 연구자들의 사진이 남아 있었다. "와— 티티 씨 정말 대단하네요!"라고 감탄하자, "그렇지만 일본 사람은 미사토가 처음이이야! 그리고 혼자 온 아이도 니가 처음이야!"라고 오히려 나를 놀라워한다("…나, 아이 아니고 어른이거든요…").

티티는 나를 밭에 데려 가 주었다. 밭에 가는 길은 억센 풀투성이로, 가족의 충고를 듣지 않고 샌들로 나갔다가 발이 상처투성이가 되고 말았다.

밭에 도착하니, 소가 가래를 끌어서 밭을 갈고 있다. 소는 티티의 트랙터다.

"넓이가 20헥타르 이상인 대규모 농가는 경작 기기와 화학 비료를 우대받을 수 있어. 하지만 우리 같은 보통의 농가는 대상 외인 데다가, 자비로 충당하기에는 터무니없이 비싸거든. 비료를 쓰지 않고 하다 보니 없으면 없는 대로 잘 자라서 이것도 나쁘지 않다는 생각이 들더라고."

오랜 경험이 뒷받침된 티티의 말은 자신감에 차 있었다.

"이게 바로 프리홀레스(검은 강낭콩)란다."

손으로 가리킨 곳에는 푸릇푸릇한 콩 종류의 잎이 우거져 있었다. 그리고 거침없이 무성하게 자란 잡초들 틈새에서, 옥수수도 드문드문 길쭉하게 뻗어 있었다. 여러 종류의 작물들이 서로 경쟁이라도 하듯 성장하고 있는, 그야말로 왕성한 생명력이 그대로 전해지는 밭이었다.

"검은 강낭콩 다음은 옥수수, 그다음이 고구마. 벼가 끝난 다음에는 사료. 밭의 로테이션은 순서가 정해져 있어."

옥수수 껍질은 그늘에서 모아 퇴비로 활용하고, 벼의 겉겨는 가축의 사료로 쓰인다. 자연의 힘을 이해하면, 비료를 따로 쓸 필요가 없다고 했다.

자기 밥그릇조차 챙기지 않는다고?

집에 돌아와 보니, 오늘의 취사 담당인 커뮤니티의 여자 한 분이 슬슬 식사 준비를 시작하려던 참인 모양이었다. 저녁 식사 준비는 이르게도, 오후 3시경이면 시작된다. 그녀가 껍질을 까고 있는 카사바는 조금 전에 밭에서 캐 온 것이다. 집 바로 옆에 밭이 있어서 언제든 바로 캐 온 것을 먹을 수 있었다. 고구마, 플랜테인(조리용 바나나), 호박 등 재료의 대부분을 밭에서 수확했다. "샐러드에 쓸 야채가 필요해서 밭에 따러 가려고 해."라는 말에 나도 같이 따라나섰다. 그녀가 향한 곳은 뒤뜰의 한쪽에 있는 수풀이었다. 부드러워 보이는 몇몇의 나뭇잎을 가리키며 각각의 이름을 가르쳐 주었다. 나에게는 다 똑같은 잎사귀처럼 보이건만, 하나하나 모두가 샐러드에 쓰이는 갖가지 재료라고 한다.

과일도 지천에서 자라고 있었다. 아바나에서는 비싸다고 하는 감귤류나 아보카도까지도 이 농가에서는 무한 리필인 것이다. "이건 구아바. 체리모야는 과

부엌의 전기제품

쿠바의 부엌을 방문하면 전기압력솥과 전기밥솥을 자주 보게 된다. 식량이 부족한 경제적 상황을 고려하면 언바란스하게 느껴질 정도로 보편화돼 있다. 밥을 짓고 콩을 삶는 일은 사실상 매일 반복되는 작업이다. 게다가 쌀에 모래가 섞여 있기도 해서 꽤 손이 많이 간다. 매일해야 되는 일이기 때문에, 그 작업을 간편하게 해 주는 아이템은 더욱 의지가 된다.

육은 하얗지만 맛은 진하고 크리미해. 저건 아직 열매가 열리지 않았지만, 망고야. 흔하지 않은 건 화이트 오렌지. 씨가 많지만 아주 맛있어."라며 높은 가지에서 딴 화이트 오렌지 두 개를 내 손에 쥐어 주었다. 19시쯤, 삶은 카사바(생마늘과 레몬 소스를 곁들여 먹는다), 밭에서 딴 야채로 만든 샐러드, 삶은 돼지고기, 그리고 프리홀레스가 저녁 식사 테이블에 올려졌다. 방금 수확한 야채들로 테이블이 가득하건만, 아바나에서와 마찬가지로, 메인 디시는 역시나 프리홀레스!

낮에는 작열했던 태양도 이 시간쯤 되면 기세를 꺾고 선선해져 온다. 시원한 바람을 맞으면서 옥외에서 대가족과 함께 하는 저녁 식사는 야외 캠프 때의 식사처럼, 한층 더 싱그럽고 맛있게 느껴졌다.

테이블 위의 큰 접시에 놓인 요리를 하나씩 각자가 먹고 싶은 양만큼 덜어 먹었다. 프리홀레스는 매일 먹어도 질리지 않는 맛이다. 티티의 집에서는 3일 정도 묵었는데 점심과 저녁은 항상 프리홀레스였고, 단지 서브 메뉴인 카사바가 호박이나 고구마 등으로 교체되곤 했을 뿐이었다.

"티티 씨, 이 콩, 아까 밭에서 딴 거예요?"라고 묻자, "글쎄… 잘 모르겠는데, 아마 수확 시즌이니까 우리 콩일 수도 있겠네."라고 대수롭지 않게 대답한다.

"그럼 스스로 콩 농사를 지으면서 다른 사람이 재배한 콩을 먹는 경우도 있나요?"

"수확 시즌이 아닌 경우에는 배급받은 콩을 먹기도 하지. 맛은 다 똑같아."

배급 쌀에는 모래가 섞여 있는 경우가 많다. 모래를 솎아 내는 작업이 요리의 첫 단계다. 저녁 식사 준비를 위해 오후쯤부터 모래 골라내기 작업을 하고 있다.

사회를 지탱하고 있다는 자부심

'자기 손으로 농사를 지으면서도 자신이 먹을 식량조차 확보해 놓지 않는다는 건가?' 하고 혼란스러워하는 나에게, 티티는 농산물 유통에 대해 설명해 주었다. 밭에서 수확한 농작물은 조합에서 거둬들여 정부에 상납한다. 그것들의 대부분이 배급 식량으로 쓰이며, 남은 것은 정부가 관리하는 시장에서 판매된다. 직접 시장에 내다 파는 것도 가능하고, 그러는 편이 비싸게 팔리지만, 그래도 티티는 정부에 기꺼이 바친다고 했다.

"일한 성과를 국가에 제공하는 건 당연하다고 생각해. 이 나라에서는 의무교육과 의료 비용이 무료거든. 그건 나라에서 제공해 주기 때문이고, 그 덕에 우리들의 생활이 유지되는 거 아니겠어? 그러니까 자기가 일한 성과를 배급용 식량으로써 상납하는 것은 이 사회의 일원으로서 당연한 거야. 손득을 떠나서 사회에 공헌하는 일이고 명예스러운 일이지."

너무나도 올곧게 그리고 당연하다는 듯 말하는 그에게 반대할 말이 떠오르지 않았다. 그는 이념에 불타오르는 순수한 청년도 아니고, 지역 전체의 생계를 걱정할 정도의 현실적인 어른인데도 말이다. 그런 그의 말이 좀 충격적이었다.

쿠바의 사회주의는 '한 사람도 굶기지 않는다'와 '그 누구도 낙오시키지 않는다'는 혁명 사상이 근간이 됐다. 한 사람의 농부가 그러한 사상을 굳게 지키며 살아가고 있다니 믿어지지가 않았다. 하지만 티티는 커뮤니티의 사람들이나 쿠바인 모두를 진심으로 생각하고 소중히 여기는 사람이었다.

중앙에 앉아 있는 빨간 셔츠를 입은 사람이 티티. 티티가 좋아하는 프리홀레스의 먹는 스타일은 스푼으로 콩과 밥을 버무려서 먹는 것.

그러한 티티의 콩이 너무나도 귀하게 느껴져, "티티 씨의 검은 강낭콩을 마지막 선물로 저에게도 조금 나누어 주실 수 있으신가요?"라고 부탁하자, 방긋 웃으며 봉지에 담아서 홈 메이드의 벌꿀과, "커뮤니티의 여자분이 직접 만들어서 팔고 있는 거야."라며 구아바로 만든 과자를 싸 주었다. 그리고 다음 날에는 이른 새벽에 옆 동네에 있는 버스 정류장까지 배웅해 주기도 했다. 정말이지 마지막 순간까지 친절하고 고마운 사람이었다.

Flan

플랑

플랑에 대한 이야기는 본문에 수록하지 않았지만,
의외로 만드는 법이 즐겁고, 맛이 농후해서 인기가 많아 덧붙여 소개합니다.
간단한 재료로 만들수 있는 쿠바의 푸딩이에요.

재료(2인분)

달걀 ········ 1개
연유튜브 ········ 120g
그래뉴당 ········ 2큰술
물 ········ 1큰술
따뜻한 물 ········ 1큰술

만드는 방법

1 먼저 캐러멜을 만든다. 단열 용기에 설탕과 물을 넣어 젓지 말고, 랩을 씌우지 않은 채 600와트로 2분 전자레인지에 돌린다. 그다음 10초씩 추가로 돌리면서 갈색이 되면 꺼낸다.

2 1에 따뜻한 물을 더해서 수저로 빠르게 섞는다. 이때 액체가 튀어 오르기 때문에 화상에 주의해야 한다. 작은 꼬꼬트용기 두 개에 반씩 나누어 부은 후 식힌다.

3 믹싱볼에 달걀을 깨 넣어 잘 저은 후, 체로 두 번 걸러서 부드러운 달걀 물을 만든다.

4 3에 연유를 더해 거품기로 균일하게 잘 섞어서 2의 꼬꼬트에 붓는다.

5 오븐 철판에 깊이 2센티미터의 물을 붓고, 4를 얹어 150도(예열 없이)로 30~40분 굽는다. 같은 과정을, 프라이팬에 천을 깔고 그 위에 물을 부어 끓지 않는 약불로 중탕하에 익히는 것도 가능하다.

용기에서 직접 떠 먹을 경우에는, 카라멜 없이 만들어도 좋아요. 보통 푸딩은 우유, 설탕, 달걀로 만들지만, 신선한 제품의 입수가 곤란한 쿠바에서는 우유 대신 연유 통조림이나 무가당연유 (evaporated milk)를 사용해요. 연유에는 설탕이 들어 있어서 재료 준비가 간단해져요. 만들어 봐서 너무 달 경우, 다음에는 연유의 일부를 우유로 대신해서 단맛을 조절해 주세요.

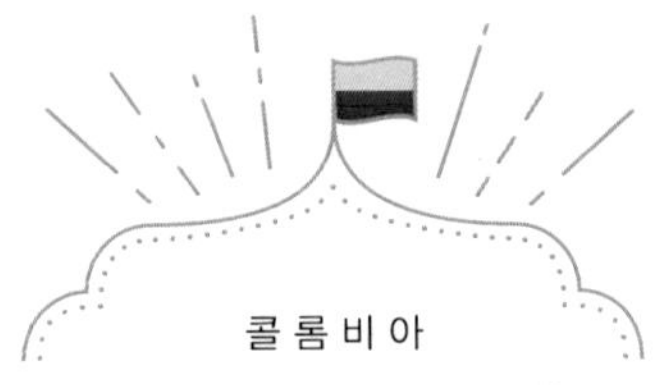

풍성한 우유 거품이 생명인 초코라테

돌발적으로 떠나게 된 남미 대륙 여행

문득 멀리 떠나고 싶어졌다.

2개월 정도 해외에 나가지 않으면 괜히 안절부절못하고 마음이 산만해진다. 그래서 나도 모르게 어느새 다음 목적지를 찾게 된다. 3개월에 한 번은 해외여행을 하지만, 이때는 조금 더 초조해진 상황이었다. 예정돼 있었던 이탈리아의 시골 방문이 숙박 예정지의 사정으로 연기되어 갈 곳이 없게 됐다. 아— 어딘가 멀리 떠나고 싶다. 그러고 보니 남미 대륙에는 거의 가 본 적이 없었다. 지인들의 연줄을 사용해 길이 열린 곳이 다름 아닌 콜롬비아다. 이런 돌발적인 이유로 방문하게 된 콜롬비아에 대해서는, 남미에 속해 있다는 것 말고는 아무런 배경지식이 없었다.

지도를 보면 콜롬비아는 남미 대륙의 제일 북쪽으로, 멕시코와 그다지 멀지 않다. 그렇다면, 멕시코처럼 날씨는 덥고 음식은 매워서 매일 타코스만 먹는 걸까?

그런데 막상 공항에 도착해 보니 날씨가 제법 쌀쌀하다! 거리를 나서자, 사람들이 패딩을 입고 있는 것이 아닌가. 수도 보고타Bogota는 표고 2,640미터, 후지산의 7할 정도 되는 고지다. 어머나, 이를 어째! 난 왜 아무것도 알아보지 않고 무턱대고 온 거지? 추운 건 정말 못 참겠어. 티셔츠와 얇은 바지밖에 챙겨 오지 않은 나 자신이 한없이 원망스러웠다. 그렇게 시작된 여행에서, 콜롬비아 사람들은 타코스를 먹지 않을뿐더러, 스파이스를 거의 사용하지 않아서 음식은 맵지 않고, 멕시코와는 문화적인 차이가 크다는 것을 서서히 알게 됐다. 지도를 보고 혼자 머릿속에서 상상하는 세계란 고작해야 자기의 경험을 벗어나지 못하고, 터무니없이 빗나갈 때가 많은 법이다. 하지만 나의 이미지를 비껴가지 않은 건, 사람들이 라틴계의 호탕함으로 여행객을 맞이해 준다는 것. 어느 가게를 가더라도, 아무것도 사지 않더라도, 가게 주인이 활짝 웃으며 대해 주었다. 추워도 오길 잘했어!

이상한 모양의 이 야채는 대체 무슨 요리에 사용되는 걸까? 카리나에게 문자, "저두 모르겠는데요." 다양한 식재료가 있지만, 젊은 사람들은 별로 관심이 없다고 한다.

멕시코와 비슷하거나 그 이상으로 느낀 것은 '식재료의 보고'라는 점이다. 시장을 걷고 있노라면, 기대한 솔방울처럼 울퉁불퉁하게 생긴 노란색 과일과, 마녀의 마법에 걸려서 납작해져 버린 것만 같은 연녹색의 당근 등, 본 적도 없는 재료들과 연이어 맞닥뜨리게 된다. 그렇게 알록달록한 시장을 한동안 걷고 있노라면 지루할 틈이 없다. 콜롬비아는 안데스산맥의 고산 기후에서 해안 지대의 열대 기후까지 폭넓게 분포돼 있어, 단위 면적당 생물의 다양성이 가장 풍부한 나라 중 하나다.

그러한 콜롬비아의 중요한 식재료의 하나가 카카오. 중남미 지역이 원산지로 알려져 있고, 마야 문명 때부터 종교 행사에 사용됐으며, 상류 계급층의 음료로도 이용됐다고 전해진다. 긴 세월을 같이해 온 지역인 만큼, 이곳의 사람들만이 즐기는 방법 또한 남달랐다.

찾아간 곳은 수도 보고타에서 차로 40분 정도인 곳으로, 지인이 소개해 준 카리나의 가족이다. 카리나는 열일곱 살의 밝고 영리한 여고생이다. 할머니와 부모님과 모스케라Mosquera시의 공동 주택에 살고 있다.

평상시에 식사 준비를 담당하는 사람은 어머니. 하지만 간단한 조리나 주스 만들기는 카리나도 같이 도왔고, 모녀가 요리를 하고 있으면 아버지가 합류해서,

루로주스로 건배. 콜롬비아에는 과일이 풍부해서 매일 다른 신선한 과일주스를 즐길 수 있다.

"오늘의 루로Lulo주스는 거품이 많은 게 꼭 맥주 같네!"라는 말과 함께 부엌에서 가족들의 건배가 시작된다. 루로는 겉모양은 감 같고, 안은 토마토처럼 생겼으며, 라임 맛이 나는 신기한 과일로, 이 또한 콜롬비아 특유의 식재료다. 어느새 할머니도 말벗을 찾아 식사 준비를 하는 어머니의 곁으로 다가오시니, 이래저래 어머니가 부엌에서 혼자 일 하는 시간은 거의 없었다.

초코라테는 거품이 포인트!

그러한 유쾌한 가족들과 보낸 시간 중에서 특히 즐거웠던 기억은 아침 식사 시간이었다. 토요일 아침, 눈을 비비며 일어나 부엌에 가 보니 카리나가 "초코라테와 홍차, 어떤 거 마실래요?"라고 묻는다. 홍차라고 대답하려고 했는데, 입을 열기도 전에 카리나에게서 답이 나왔다. "묻는 것 자체가 우문이네요. 당연히 초코라테죠! 완전 맛있다니까요!"라는 말과 함께 벌써부터 흥분한 상태다.

콜롬비아에서는 과자의 초콜릿도, 마시는 핫초콜릿도 모두 초코라테라고 불렀다. "콜롬비아의 아침에서 초코라테는 빼놓을 수가 없어요. 추운 날은 몸을 따뜻하게 해 주는 데다가 맛도 좋으니 금상첨화죠."라며, 카리나는 가족이 마실 분량의 초코라테를 만들기 시작했다. "초코라테를 만들 때는 전용 초콜릿 바를 사용해요." 제일 널리 알려진 제품은 '코로나'라고 하는 브랜드예요."

금괴 같은 모양의 초콜릿 바는 작은 스니커즈의 사이즈로, 보통의 초콜릿이겠거니 하고 한입 베어 먹어 보니, 오도독하고 소리가 난다. 카카오 페이스트 안

슈퍼에 가 보면, 진열대의 일면을 채운 초코바를 볼 수 있다. 향이 가미된 것도 있고 설탕을 사용하지 않은 것도 있다.

에 설탕의 큰 입자들이 그대로 남아 있어 향은 좋지만 설탕의 오돌톨한 느낌이 혀 위에 그대로 남아 있다. 이건 그냥 먹는 초콜릿이 아닌 모양인걸.

만드는 도구를 살펴봐도 유니크했다. 모리니죠라고 하는 블렌더의 역할을 하는 봉은 초코라테를 만들 때 말고는 사용하지 않지만, 콜롬비아인의 부엌에는 반드시 구비되어 있다고 한다. 모리니죠와 함께 오제터라는 마호병같이 생긴 금속 포트가 초코라테 만들기의 기본 아이템이다.

오제터에 우유와 물을 1 대 1 비율로 넣고 끓이는데, 충분히 뜨거워지면 초코바 한 개를 넣어 녹인다. 옆에서 어머니가 "오늘은 미사토가 있으니까 초코바 반쪽을 더 넣어야지."라고 해서 반쪽이 추가로 투입된다. 카리나는 '아, 그러네!'라는 표정. "포장지에는 1인분에 한 개라고 적혀 있지만, 그러면 너무 달아요. 우리 집에서는 항상 4인분에 한 개를 써요." 단지 1인분만 만드는 경우는 없다. 오제터와 모리니죠의 준비와 설거지, 재료도 세분해서 써야 하므로 무척 효율이 떨어지는 일이라고 했다.

카리나는 4인분 기준으로 만드는 것이 몸에 익숙한 모양이었다. 초콜릿이 다 녹으면 모리니죠가 활약할 차례다. 양손 사이에 껴서 모리니죠를 돌리는데, 마치 불을 일으키는 것처럼 힘차게 회전시킨다. "이 거품이 맛의 비결이라니까요."라며 표정은 벌써 초코라테의 달콤함에 녹은 듯했지만, 손은 결코 쉬려고 하지 않았다. 그렇게 해서 풍성한 거품이 만들어지면 다섯 개의 컵에 나누어 담아 테이블로 이동해서, 어머니가 사 오신 빵, 그리고 큼직하게 커팅한 치즈와 같이

초코라테의 거품은 의외로 섬세하지 않다. 안쪽의 빵은 타피오카 가루가 들어가서 쫀득쫀득한 빤데유카pan de yuca. 이를 초코라테에 적셔 먹어도 맛있다.

오제터의 특이한 모양에는 이유가 있었다. 깊고 목이 길기 때문에 힘차게 저어도 튀지 않는다.

세팅한다.

부드럽고 풍성한 거품의 초코라테의 맛은 카리나의 말대로 행복 그 자체였다. 한 모금 마실 때마다 거품에 둘러싸인 카카오 향기가 입 안 가득히 퍼졌다. 마치 카푸치노의 거품이 일제히 달콤한 카카오의 향기로 변신한 듯한 느낌. 입술에 거품 수염을 묻힌 카리나는, "이 수염도 맛의 일부예요."라며 보란듯이 입술을 가리켰다.

초콜릿 위에 치즈라고?

그러고 나서 카리나는, 큼직하게 썰어 놓은 하얀 프레쉬 치즈를 한 조각 집어서 조심스럽게 머그컵에 넣었다. "초코라테는요, 치즈를 한 조각 넣어 먹으면 더 이상 말이 필요 없어요!" 몇 분 지나서 치즈가 녹으면 스푼으로 떠 먹는 거라고 했다. 나도 따라서 치즈를 넣고 초코라테 속으로 숨어 버린 치즈를 지켜보며 기다렸다. 그러나 치즈가 다 녹아서 치즈 드링크가 돼 버릴까 봐 이내 초조해지고 말았다. 나는 살짝 녹아서 모서리가 없어진 치즈를 꺼내어 낼름 먹어 버렸다.

"맛있다!"

얼마가 더 지나자, 카리나가 치즈를 꺼냈다. 피자 위의 치즈처럼 완전히 다 녹아서 훨씬 먹음직스러운 상태다. '나도 조금만 더 기다려 볼걸.' 하고 후회가 됐지만, 치즈의 짠 맛과 초콜릿의 달콤함은 감자칩에 초콜릿이 더해진 맛처럼 베스

부엌에 선 카리나 모녀. 카리나는 학교와 학원 등으로 바쁘게 생활하고 있지만, 초코라테, 과일주스, 과자 만들기를 좋아해서, 휴일 아침에는 흔쾌히 부엌에 선다고 한다.

트 매칭이었다.

살살 녹는 듯한 미소로 얼굴에는 거품 수염을 그린 카리나가 말한다. "거품과 치즈가 없는 초코라테는 상상도 할 수 없어요! 그럴 바에는 시중에서 판매하는 팩에 든 코코아 드링크를 사 먹는 편이 나아요. 우리 집에서는 가족들이 모여서 여유로운 시간을 보내는 주말 아침에만 초코라테를 마셔요. 초코라테는 가족과 친구들의 시간을 한층 더 달콤하게 만들어 주거든요!"

거품을 내는 작업도, 초코라테 속에서 치즈가 천천히 녹아내리기를 기다리는 시간도, 초조한 마음으로 서둘러서는 그만 망쳐 버리게 된다. 오제터와 모리니쵸를 사용해서 거품을 손수 만드는 수고스러움은, 함께 즐길 수 있는 소중한 사람들이 있기에 감수할 수 있다.

몇백 년 전부터 카카오와 함께해 온 콜롬비아인의 부엌에는, 어찌 보면 좀 애처롭게 느껴질 만큼의 정성과 애착이, 도구와 만드는 과정에 담겨져 있었다. 부러운 마음에, 나도 지인들한테 만들어 주려고 모리니쵸를 하나 사서 귀국했다. 하지만 넓고 얇은 일본의 냄비에 모리니쵸를 사용하니 초코라테가 여기저기 마구 튀어올라 감당할 수가 없다. 휴— 난 아직도 갈 길이 멀었나 봐.

초코라테

"거품과 치즈가 없는 초코라테는 상상할 수도 없어요!" 풍성한 거품이 맛의 비결.
모리니죠 대신 믹서를 사용하면 간단히 만들 수 있어요.

재료(2인분)

- 순코코아가루 ······ 2큰술(15g)
- 황설탕 ······ 2큰술(24g)
- 우유 ······ 360ml
- 모짜렐라 슬라이스 치즈 ······ 2장 (두께 2mm 정도)

믹서 대신에 핸드 브랜더나 밀크포머를 사용해도 돼요. 집에 있는 것을 한번 사용해 보세요

만드는 방법

1. 냄비에 코코아와 설탕을 붓고 소량의 물만 넣어 약한 불로 부드러운 페이스트 상태가 될 때까지 저어 준다.
2. 페이스트 상태가 되면 불을 중불로 키우고 우유를 조금씩 더해 가면서 젓는다.
3. 냄비의 가장자리가 끓어 오르면 불에서 내려, 믹서에 담아 30초 정도 돌린다.
4. 거품이 풍성해지면 컵에 담아 식탁으로. 식기전에 치즈를 넣고, 녹으면 스푼으로 떠 먹는다.

치즈가 녹아서 쫀득쫀득해요. 식기 전에 드세요

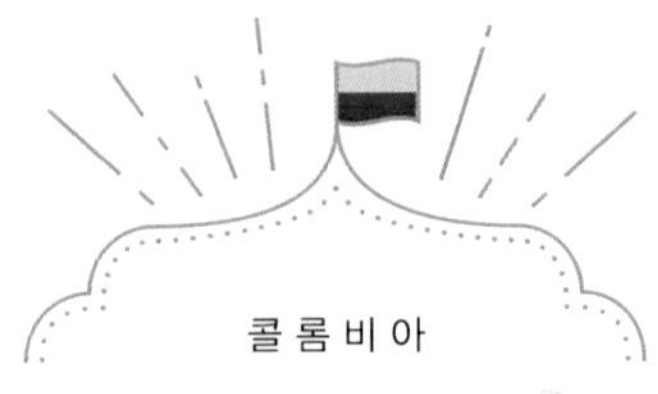

재탄생한 별미 깔렌따도Calentado

사이좋은 가족과 함께

콜롬비아 여행을 되짚어 보면, 쉴 새 없이 먹었던 기억이 떠오른다. '부엌 탐험'이라고 하면 이곳저곳을 돌아다니며 늘상 맛있는 음식을 먹고 다닌다고 생각하는 경우가 많은 것 같다. 하지만 실상은, 요리 이외의 것을 하는 시간이 훨씬 더 길다. 근처의 아이들과 같이 놀기도 하고, 때로는 일하는 곳에 동행하기도 하며, 집안일을 거들기도 하고, 어떤 때는 세월아 네월아 수다만 떠는 경우도 있다. 그 지역 사람들의 요리를, 삶의 일부로 이해하고 싶기 때문이다.

그런데 콜롬비아에서는 정말이지 계속 먹기만 했다. 콜롬비아의 식사는 하루에 5회. 메인은 점심 식사다. 저녁 식사는 가볍게 수프나 빵을 먹거나 아니면 아예 먹지 않거나 하고, 아침 식사는 그 둘의 중간 정도다. 이 세 번의 식사 사이에, 오전과 오후의 간식 시간이 있고, 이도 식사로 인식된다. 그러나 어디까지나 기본이 그렇다. 사람마다 다르고, 결국에는 '정해진 룰은 없어요. 먹고 싶을 때가 식사 때!'가 된다. 1일 5식은 스페인 식민지 시절에 들어오게 된 문화의 하나라고 한다. 그러한 이유로 조금씩 무언가를 먹을 수 있는 기회가 많았다. 내가 머무르게 된 가브리엘 씨 댁의 부엌에도 항상 간식용의 비스킷이나 스낵류가 상비돼 있어, "먹을래?" 하고 권해서 같이 먹곤 했다.

식사용 테이블이 리빙과 다이닝의 중앙에 당당하게 자리잡고 있다.

이 가족은 수도 보고타에서 차로 한 시간 반 정도 거리의 에스까수Escazú라고 하는 고산 지역에서 생활하고 있다. 아버지 가브리엘과 어머니 로젤바, 딸 안헤라의 3인 가족이다. 가브리엘은 선禅을 시작으로, 일본 문화에 대단히 호의적이며, 집 안은 고풍스러운 부채나 붓글씨 등, 여기가 박물관인가 싶을 정도의 수많은 컬렉션들로 장식돼 있었다. 집채 바깥쪽에는 다다미가 깔린 일본식 방까지 꾸며 놓고, 일본 문화를 소개하는 프로그램을 마련해 학교 연수 등도 주최하고 있다. 집 안을 안내하는 그는, 자신이 좋아하는 문화에 흠뻑 빠져 생활하는 것이 행복하기도 하고 자랑스럽기도 해서 어쩔 줄 모르는 것 같았다. 로젤바와 안헤라는 그런 열정적인 가브리엘을 곁눈질해 가며, 조금 어이없어하는 기색이다. 하지만 두 사람도 가브리엘을 도와, 같이 연수를 진행하거나 새로 만든 초목지에 물을 주는 등 서포트를 아끼지 않고 있다.

이 집에서 요리를 담당하는 사람은 어머니 로젤바. 안헤라는 "우리 엄마 요

키친에서 렌틸콩의 접시를 건네받아, 룰룰룰 기분 좋게 흥얼거리며 테이블로 향하는 가브리엘. 미국 생활이 길었던 이유로 감자에는 케찹을 뿌리는 걸 좋아한다.

리가 세계에서 최고예요!"라며 자랑스럽게 말하고, 가브리엘은 "로젤바의 요리 솜씨는 일류 셰프급이라고 해도 손색없지."라며 익살을 떤다.

오늘 점심은 렌틸콩(렌즈콩) 수프. '렌즈'라는 말의 어원이 된 이 콩은 작고 평평해서 단시간에 조리가 가능하다. 세계 각지에서 저렴한 가격으로 구입할 수 있다. 아프리카에서는 오렌지색, 인도에서는 노란색을 주로 접했는데, 콜롬비아에서는 녹차색과 비슷한 초록색 콩이었다. 오전 중에 모두 외출할 예정이어서 바로 요리할 수 있도록 전날부터 콩을 물에 불려 놓았다. 집에 돌아오자 마자 로젤바는 부엌으로 직행해, 양파와 토마토를 볶고, 렌틸콩이 담긴 냄비에 불을 켜고, 식사 준비를 척척 해 나갔다. 감자를 삶고, 밥을 지어 30분 정도 걸려서 점심 메뉴가 완성됐다.

몸에 좋은 수프

렌틸콩수프는 카레라이스처럼 밥과 함께 접시에 담아, 소금을 넣고 삶은 감자를 곁들인다. 콩의 단맛이 느껴지는 소박한 맛으로, 몸을 구석구석까지 따뜻하게 해 주었다. 가브리엘은 식사가 끝난 후 "고마워, 잘 먹었어."라며 로젤바에게 키스를 했다. 그리고 저녁때가 되자, 오늘도 가족이 함께 나무에 물을 주기 위해 초목지로 향했다.

가브리엘이 새롭게 경작하는 초목지는 꽤 넓어서 혼자서는 긴 호스를 감당할 수가 없다. "그쪽 나무에 호스가 걸렸어요.", "저런, 수도꼭지에 껴 놓은 호스

큰 냄비에서 조리한 렌틸공은 두 번 변신한다. 아침에는 깔렌따도(오른쪽)로, 저녁에는 후루룩 마실수 있는 수프(왼쪽)로, 메뉴마다 접시를 바꾸면 기분이 달라진다.

가 빠질 것 같잖아!" 등의 말을 주거니 받거니 하며, 일가족은 좌우로 뛰어다니며 경작지를 손질해 나갔다.

대화가 중단되면, 새소리와, 근방에서 목축되고 있는 소들의 카우벨 소리만이 들려왔다. 바람이 차가워서 두 뺨을 찌르는 것만 같다. 갑자기, 내가 꽤 멀리 와 있구나 하는 해방감이 솟구침과 동시에 사무치는 추위로 저절로 몸이 달리기 시작했다.

집에 돌아와, 오늘의 마지막 식사는 각자가 좋아하는 음식을 먹기로 했다. 안헤라는 그래놀라granola, 나는 과일 바구니에서 꺼낸 배, 로젤바는 가브리엘의 부탁으로, 점심 메뉴인 렌틸콩을 믹서에 갈아서, 후루룩 마실 수 있는 수프를 만들어 그에게 건네주고, 나머지는 자신의 접시에 부었다. 단지 믹서에 돌리기만 했을 뿐인데 가브리엘은 점심때와 같이 "고마워, 맛있게 잘 먹었어."라며 로젤바의 뺨에 키스를 했다.

가족 모두 좋아하는 리메이크 요리

아침에 일어나자 가브리엘이 내게 묻는다.

"굿모닝, 미사토. 잘 잤어? 아침 식사로 깔렌따도와 빵 중에서 어느 걸 먹을래?"

깔렌따도가 무슨 음식인지도 몰라도 그의 표정과 안헤라가 "깔렌따도!"라며 들떠하는 모습에서 대충 상황을 파악하고, "물론 깔렌따도!"라고 대답했다.

부엌에 가 보니, 로젤바가 어제 점심때 먹고 남은 렌틸 콩과 밥을 데우고 있

이 집의 부엌에는 가족들이 빈번히 드나드는데, 목적은 왼쪽 선반 안에 있는 비스켓과 스낵류. 메인인 점심 식사 이외에는 주로 간편한 식사를 한다.

창가 쪽에 놓여 있는 목재 조리 도구들이 너무나도 탐나서 갖고 싶다고 말하자, 로젤바는 오랜 기간 사용해 왔던 모리니죠를 내게 주었다.

다. 깔렌따도의 재료는 어디에 있나 하고 궁금해하고 있는데, 렌틸콩을 밥솥에 그대로 몽땅 부어, 남아 있던 감자를 넣고 으깨고 저으니, 수분기가 거의 없는 콩죽 같은 요리가 완성됐다. 조리 시간은 단지 5분. 깔렌따도는 '따뜻하게 데운 것'이라는 뜻으로, 그 이름 그대로 전날 남은 음식을 같이 넣고 데워서 먹는 것뿐이었다!

가브리엘과 안헤라는 빨리 먹고 싶어서 기다릴 수 없다는 표정으로 서둘러 테이블을 세팅했다. "깔렌따도에는 아구아파넬라(따뜻한 흑설탕물)가 잘 어울려."라고 하며, 같이 마실 음료도 결정했다. 자 그럼, 자리에 한번 앉아 볼까. 생긴 모양새라고는, 수분기가 거의 없고 반 정도가 으깨진 감자와 렌틸콩이 들어 있는 짙녹색의 죽과 같은 밥. 이 소박한 음식에 왜 모두 그렇게까지 흥분했는지 알 수가 없었다. 그런데 한 숫가락 떠먹어 보니 그제야 납득할 수 있었다. "리코(스페인어로 '맛있다'는 뜻)!" 삶은 콩의 달고 고소한 맛을 밥이 그대로 흡수한 데다가, 감자가 들어간 덕에 질퍽질퍽하지 않았고, 짭쪼름한 맛이 살아 있으며, 드문드문 섞인 감자는 씹는 악센트가 됐다. 여러 재료의 맛이 잘 섞이고 조화되어, 떠먹는 숟가락이 멈춰지질 않는걸! 좀 전에, "아침이니까 조금만 주세요."라고 했던 말을 후회했다.

일가족이 모이는 식탁. 하루 종일 같이 지내는데도 가족 간의 길등도 없이 사이좋게 지내는 모습이 부럽다.

깔렌따도를 통해서 전해지는 가족의 마음

가브리엘과 안헤라는 맛있게 먹은 후, 둘 다 "고마워, 잘 먹었어."라며 로젤바에게 키스를 했다. 깔렌따도는 결코 먹다 남은 처치 곤란한 음식이 아닌, '다시 태어난 별미'였던 것이다.

렌틸콩과 깔렌따도는 결코 손이 많이 가는 요리라고는 할 수 없는, 오히려 싸고 간단한 요리다. 하지만 요리 하나를 세 번에 걸쳐 재탄생시키는(가끔은 부엌에 서지 않아도 된다) 로젤바의 요리 리메이크 기술은 창의적이고 망설임이 없었다. 그리고 가브리엘과 안헤라는 부엌에서 만들어져 나오는 모든 요리에 대해, 끼니마다 직접 말로 감사의 마음을 표현했다. 그렇게 서로를 진솔하게 대하며 생활하는 가족들의 모습이 왠지 부럽게 느껴졌다.

나중에 검색해 보니, 깔렌따도는 콜롬비아 요리로, 여행정보 사이트와 위키피디아에도 소개되어 있었다. 콜롬비아 이외에도, 남은 음식의 리메이크 요리가 당당하게 소개되는 나라가 과연 또 있을까?

알록달록 컬러풀한 시장에
틀림없이 눈이 휘둥그레질 거예요

유럽·중남미의 시장

좀처럼 보기 드문 식재료나 로컬 푸드가 가득합니다.
여행이 떠나고 싶어질 정도로 생동감 넘치고 즐거운 시장을 소개할게요.

콜롬비아 시장

유니크한 재료가 온 퍼레이드

콜롬비아의 식재료는 종류가 다양한 것으로 알려져 있습니다. 안데스산맥의 고지에서 해안 지대의 열대까지, 다양한 기후에서 자란 컬러풀한 재료들이 즐비하게 널려 있는 시장은 구경을 하며 걷는 것만으로도 즐거워서 지루할 틈이 없답니다.

뭉실뭉실 도톰하고 알이 큰 아보카도와 신선한 야채들이 가득해요.

팬케이크와 비슷한 아레파Arepa(위), 속이 꽉 찬 만두 같은 엠파나다Empanada(왼쪽) 둘 다 옥수수 가루로 만들어서 가벼운 식사로 딱이에요. 은은하고 고소한 맛에 중독될 수 있어요!

볼리비아 시장

시장 안의 카페테리아에서 과일샐러드를 먹으며 잠깐 동안 휴식

볼리비아의 시장 한쪽 구석에는 가볍게 음식을 먹을 수 있는 코너가 있는 경우가 많아요.
주문하면 바로 잘라 주는 과일샐러드를 꼭 드셔 보세요. 여러 종류의 남국 과일 위에 요구르트를 뿌린 것을 1,000원 정도에 먹을 수 있답니다.

손수레를 끌고 나오신 아주머니가 살테냐Salteña를 팔고 계시네요. 살테냐는 닭고기와 야채 등으로 속을 채운 만두와 비슷한 빵으로 바삭바삭한 파이 기지가 일품(왼쪽)! 과일샐러드(위)를 먹기 위해 아침부터 사람들이 기다리고 있어요(아래).

불가리아 시장

여름 야채와 허브가 풍성해요

내륙국으로 온 · 난의 차가 심한 불가리아는 여름이야말로 고마운 야채의 계절. 특히 많이 쓰이는 토마토나 파프리카는 대량으로 구입해 보존식을 만들어 병에 보관하는 경우가 많다고 하네요.

야채 이외에 신선한 허브도 많고, 홈 메이드 잼이나 꿀도 팔고 있어요.

미니 떡갈비와 같은 큐프테는 빵에 싸 먹어도 맛있어요.

네덜란드 시장

청어절임을 먹을 때도
꽃다발을 보면서 먹을 수 있어요

네덜란드 하면 떠오르는 것은 풍차와 튤립. 화훼용 식물재배가 활발한 나라인 만큼, 시장에는 수많은 꽃집들이 눈에 띈답니다. 치즈 가게에서는 온갖 종류의 치즈를 시식할 수 있게 해 줘서 걷는 것만으로도 즐거워요.

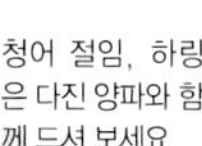

청어 절임, 하링은 다진 양파와 함께 드셔 보세요.

유럽 최대 시장으로 그 길이가 600m. 식품과 일용품이 다양하게 판매되고 있어요.

쿠바 시장

배급만으로는 부족한 것이나
생선, 고기 등을 구입해요

쿠바의 시장 아그로 메르카도에는 쌀과 콩은 물론, 배급 품목이 아닌 야채, 고기, 감자, 과일 등이 판매된답니다. 야채는 저울에 달아서 판매하며, 마이백을 가져가면 편리해요.

왼쪽 앞의 상인이 카사바를 팔고 있네요. 삶아서 마늘 기름을 뿌려 저녁 반찬으로.

구아바guava 페이스트 위에 치즈가 올려진 미니 케이크. 단맛과 짠맛의 조합이 절묘한걸요.

네 종류의 옥수수가루 이야기

콜롬비아의 부엌에서 자주 사용되는 옥수수가루는 그 종류가 네 가지나 된다. 간식으로 인기가 많은 아레파는 옥수수가루의 팬케이크인데, 여기에 사용되는 가루를 마사레파masarepa라고 한다. 말린 옥수수를 가열 처리한 후, 입자를 거칠게 갈아서 만든 것으로, "한번 가열했기 때문에 그냥 먹어도 소화돼요."라고 하는 말에 정말로 먹어 보니, 제법 맛있는 게 아닌가. 한 숟가락 한 숟가락 떠 먹다가 그만 너무 많이 먹고 말았다. 하얀 옥수수와 노란 옥수수의 차이에 따라, 마사레파에도 두 종류가 있다고 한다.

황금빛 노란색이 돋보이는 만테카다mantecada라는 케이크는 노란색 옥수수 가루로 만드는데, 이때 쓰이는 가루는 하리나 데 마이스harina de maiz라고 하는 고운 가루다. 이 가루를 구우면 더욱 예쁜 황금색으로 변하는데, 그냥 보기만 해도 행복한 기분이 든다. 케이크뿐만이 아니라 빵을 구울 때도 사용되며 은은한 단맛은 계속 먹어도 질리지 않는 중독성이 있다.

그 밖에, 콘밀cornmeal이나, 잘게 부수어 놓은 마이스 필라도maiz pilado 가 있으며, 멕시코에 눈을 돌리면, 토루티야용 가루, 마사 하리나masa harina 등이 있다. 좀 더 널리 알려진 콘스타치cornstarch는 옥수수에서 나온 녹말가루다.

옥수수의 원산지는 중남미라는 설이 유력하다. 이 작물과 함께해 온 역사가 긴 만큼, 이의 사용 방법을 다양하게 체득하고 있는 것에 탄복하게 된다. 하지만 막상 요리를 재현 하려고 할 때는 재료 구입부터가 쉽지 않다. 인터넷 쇼핑으로 구입하려고 하면, 어떤 종류의 옥수수가루를 써야 할지 망설이게 되는데, 대부분의 레시피에는 그냥 옥수수가루라고만 적혀 있기 때문이다. 이는 재료에 대한 우리와 현지인의 이해도의 차이에서 빚어진 결과이며, 외국 요리를 할 때 자주 직면하게 되는 어려움이기도 하다. 그렇게 따지면, 일본의 쌀가루에도, 조신가루*, 찹쌀餅粉가루, 시라타마가루**, 그리고 제과용 쌀가루 등등…. 이 많은 종류의 가루들을 외국인이 이해하려면 쉽지 않은 것도 마찬가지일 것이다!

---

* 조신上新가루: 멥쌀가루

** 시라타마白玉가루: 찹쌀가루를 물과 함께 갈아서 침전물을 건조시킨 것으로, 벚꽃 구경할 때 먹는 삼색 당고의 재료로 쓰이는 등, 일본 가정에서 흔히 볼 수 있다.

아프리카의 부엌
African Kitchen

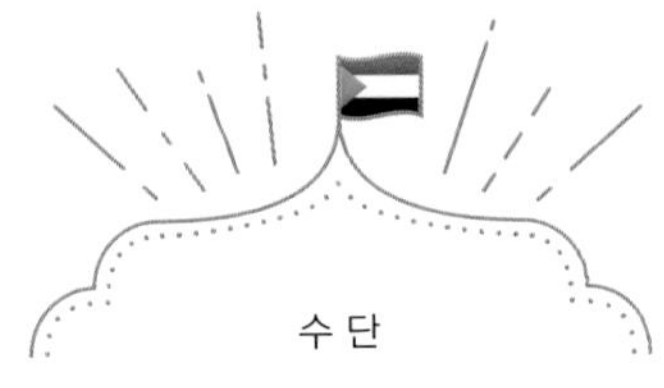

수 단

음식은 물론 미소까지 나르는 식탁 시니엣Siniyet

사람들의 왕래가 잦은 부엌

음식을 누군가에게 나누어 받고 기뻤던 기억이 남아 있는 나라가 수단이다.

수단은 아프리카의 동북부, 이집트의 남쪽에 위치한 나라로, 아프리카 대륙에서도 세 번째로 큰 국토를 지니고 있다. 다르푸르 분쟁과 2011년의 남수단 독립을 둘러싼 '분쟁'의 이미지가 강해서인지, 부모님과 주변 사람들로부터 "그런 곳에 가도 괜찮겠어?"라는 걱정의 말을 많이 들었다. 하지만 정작 나는, 지인의 친구가 소개해 준 사람을 만나러 가는 거라서 친구 집에 놀러 가는 정도의 기분이었다. 음식을 통해서 연결되는 사람들 중에 나쁜 사람은 없다.

중동의 아부다비까지 열두 시간, 거기서 다시 비행기를 갈아타고 네 시간. 수도 하르툼에 내리니 아랍어의 간판과, 스카프로 얼굴을 감싼 여성들이 눈에 들어왔다. '아, 난 또 이슬람 국가에 와 있구나!'라는 자각이 밀려드는 순간이다.

거기서 또다시 비행기로 한 시간 날아가서 엘오베이드El Obeid라는 지방 도시에 도착했다. 길을 가고 있는데, 동양인이 신기한지, 밝고 쾌활한 현지인들이 차례차례 말을 걸어 왔다. "혼자 왔어?", "차라도 한잔하고 가.", "바오밥 줄 테니까 집에서 주스 만들어 보는 건 어때?", "줄 게 없으니까… 이 돈으로 주스 사서 마셔." 지나가는 통행인이 너 나 할 것 없이 말을 걸어오고, 무엇이든지 주려고

큰 시니엣의 주변에는 항상 사람들이 모인다. 아니, 사람들이 모여 있는 곳에 시니엣이 등장한다.

한다. 고마운 마음과 함께 좀 의아한 기분이 들던 찰나에 "당신은 이 나라에 온 손님이니까 귀하게 대접하는 건 당연한 거야."라고 아무렇지 않은 듯 이야기한다. 이슬람교의 가르침인지, 아니면 옛날부터 왕래가 잦은 아랍 문화의 영향인지, 그 이유에 대해서는 잘 모르겠지만, 외지에서 방문한 타인을 단지 한 사람의 인간으로서 환영해 주는 그들의 넉넉한 마음씨에 그저 감사할 따름이었다.

번화가를 벗어나서 바이크 택시를 타고 외진 마을에 도착하자 파란색 집이 한 채 보였는데, 그곳이 바로 이번 여행의 목적지였다. "어서 오세요!" 아름답고 날씬한 몸매의 여성이 밖으로 나와 반갑게 맞이해 준다. 그녀의 이름은 오무니야. 세 살 된 아들 이야도 군이 그녀의 다리에 바짝 달라붙어 떨어지려고 하지 않았다.

"오느라 고생했어요. 차가운 주스 좀 드릴까요? 아니면 차로 할래요?"

대답하기도 전에 둘 다 가져다주었다.

오므니야의 부엌은 파란색 부엌. 시원하고 위생적으로 보이지만, 한 가지 안 좋은 점은 사진의 질이 나빠 보인다는 점.

바깥에 있는 부엌에서 키스라(수수가루의 크레이프)를 굽는 타구와. 정말 열심히 가사를 돕는다.

오렌지주스의 신선함이 그대로 온몸에 스며든다. "맛있어요!"라고 하자, "정원의 오렌지나무에서 바로 따서, 지금 막 짠 거예요."라며 집과 담벼락 사이의 작은 나무숲을 가리켰다. 오므니야는 작은 정원이 있는 이 집에서, 할머니, 이야도 군과 함께, 세 명이 같이 생활하고 있었다. 남편은 일본으로 일자리를 찾아 떠났기 때문에 이 집에서는 살지 않는다고 했다.

오므니야는 좀처럼 외출하기가 힘들기 때문에 "친구가 없어요."라며 내게 외로움 토로했다. "하르툼에서는 여자 혼자 걷는 모습을 볼 수 있지만, 여기와 같은 시골에서는 도저히 상상할 수 없는 일이에요." 심심할 때면 일본에 있는 남편과 왓츠앱WhatsApp(채팅 어플)으로 영상 통화를 하곤 했는데, 하루에 열 번쯤은 하는 것 같았다. 그런 그녀는 말벗 상대가 집으로 와 준 것이 기쁜 듯했고, 게다가 우리는 같은 또래라는 점도 작용해, 바로 의기투합했다.

오모니야와 나는 부엌에서 많은 시간을 보냈다. 식사 준비를 할 때도, 그 이외의 시간에도. 부엌은 3평 남짓할까? 작은 의자에 움츠리고 앉아 마늘을 까고, 스파이스를 빻기도 하며, 뼈 붙은 고기를 먹기 좋은 크기로 잘라서 냉동해 두기도 했다. 그다지 심심할 겨를도 없이 무언가 계속 할 일이 생겼다. "이야도가 태어나고 난 후부터는 육아 때문에 항상 시간이 부족한 거야. 그래서 바로 식사를 할 수 있도록, 미리 시간 날 때마다 요리에 필요한 준비를 하고 있어."

가사를 도와주는 소녀 레베카를 받아들인 것도 이야도가 태어난 후부터라고 한다. 레베카와 나란히 앉아 양파를 곱게 다지고 있는데, "안녕하세요!"라며, 두 집 건너에 사는 아홉 살 정도의 여자아이 타쿠와가 놀러 와서 부엌일을 거들기 시작한다. 부엌이 사람들로 어수선해지자, 거실에서 주무시고 계시던 할머니가 적적하셨던지, 부엌으로 이불을 가지고 오셨다. 여러 사람들이 자연스럽게 드나드는 이 집 부엌은, 사람과 사람 사이가 막힘없이, 통풍이 잘되고 있는 듯했다.

누구든지 함께할 수 있는 식탁

그러한 부엌에서 가장 인상적이었던 것은 시니옛Siniyet에 대한 기억이다. 시니옛은 수단의 식사에서 빼놓을 수 없는 도구로, 얼핏 보면 큰 알루미늄의 쟁반이다. 하지만 그냥 쟁반이 아니라, 식사 때는 테이블 역할을 하기도 했다. 항상 부엌의 한쪽 구석에 놓여 있고, 한 손으로 가뿐하게 들어 올려 그 위에 음식을 차려서, 적당한 크기의 상자나 의자 위에 올려놓으면 어디든지 식탁으로 변신했다. "이제 밥 먹을 시간이야. 시니옛 좀 가지고 와." 시니옛의 크기는 다양했고, 가장 자주 사용되는 것은 직경 1.2미터 정도의 것이다. 매일 사용하기 때문에 여기저기 흠집투성이고, 움푹 팬 곳까지 있었다. 대여섯 명이 둘러앉으면 딱 좋을 정도. 시니옛만 있으면 부엌 한구석이 어느새 식탁이 됐다. 식사하는 사람이 몇 명 안 될 때는 작은 사이즈의 시니옛을, 많을 때는 큰 시니옛을 사용한다. 같이 식사하는 사람 수가 자주 바뀌기 때문에 시니옛 사이즈도 여러 개나 되는 모양이다.

시니옛 위에는 매일 다른 음식들이 올려졌다. 주식만으로도 몇 종류가 있었지만, 자주 먹는 음식은 아시다Asida라고 하는 죽으로, 주재료는 수수Sorghum가루다. 만드는 방법은 소바가키*와 비슷하나, 큰 냄비에 한가득 만들기 때문에 죽을 젓는 데는 꽤나 힘을 써야 했다. 완성된 모양과 맛도 소바가키와 비슷했으며, 요구르트를 끓여서 만든 소스를 곁들여서 먹었다. 반찬은 야채를 잘게 썰어서 레몬즙과 다쿠와(dakwa땅콩크림)로 버무린 샐러드 등이다. "이 음식은 이름이 뭐야?", "다쿠와는 안 넣어?"라고 좀 귀찮을 정도로 질문을 해도, 오므니야는 자신

* 소바가키蕎麦がき : 메밀가루를 뜨거운 물로 반죽해 떡처럼 빚어낸 것.

팟타는 국물에 밥을 말아 먹는 대신 빵을 말아 먹는 스타일이라고나 할까. 국물을 기가 막히게 빨아들이는 빵에게 감사하고 싶어지는 요리. 손가락만 사용해서 국물 요리를 먹는 것이 가능하다.

밀가루 크레이프에 토마토 베이스의 국물을 뿌려 먹는 요리도 맛있다. 국물과, 국물을 흡수할 수 있는 빵류의 조합은 손으로 식사하는 시니엣 식탁의 철칙이다.

의 요리에 관심을 가져 주는 게 기뻐서인지, 아니면 말 상대가 생겨서 즐거운 건지, "미사토는 훌륭한 학생이네!"라며 싫은 내색 하나 없이 자상하게 답해 주었다.

먹는 방법이 독특해서 좋아하게 된 음식은 팟타Fattah라는 요리. "간단하지만 맛있어."라고 오므니야가 보여 준 이 요리는, 피타빵*과 같은 평평한 빵을 대충 찢어서 큰 접시에 빈틈없이 깔고, 소고기를 뼈째로 넣고 끓여서 걸쭉해진 수프를 뿌린 요리다. 국물을 흡수한 빵을 네 개의 손가락을 사용해 작게 주물러 입에 넣으니, 사골 국물의 구수한 맛이 입 안 가득 퍼진다.

시니엣의 좋은 점은, 누구와도, 어디에서도, 그리고 몇 명이라도 같이 식사를 할 수 있다는 점이다. 예를 들어, 팟타를 먹을 때는 손으로 먹기 때문에 인원수대로 포크와 나이프를 준비할 필요가 없고, 빵을 시니엣에 직접 올려놓기 때문에 각자의 개인 접시도 필요 없다. 그렇기 때문에 한두 사람이 더 추가된다고 하더라도 전혀 문제 될 것이 없었다. 그러한 넉넉한 식탁을 나는 좋아한다. '너의 자리도 항상 준비돼 있어.'라고 말하는 듯한, 한량없는 안심감을 느끼게 한다.

뭐 또 그렇게 갑자기 사람들이 늘어날 일이 있을까 싶지만, 사실 타쿠와는 매일 우리와 같이 식사를 했고, 식사 때쯤이면 친척이나 이웃 사람들이 하나둘

* **피타빵**Pita bread: 밀가루를 발효시켜 구우면 부풀어 올라 주머니가 생기는데 그 안에 재료를 넣어 샌드위치로도 만들 수 있다.

이날은 처음에 네 명이 식사를 했는데, 나중에는 일곱 명으로 늘어났다. 스푼도 등장하기는 하지만, 빵을 사용해서 먹을 수 있기 때문에 필수는 아니다.

집으로 찾아와, "밥 먹고 가야지?"라는 말과 함께 지극히 자연스럽게 인원수가 늘어났다. 장소는, 쟁반만 나르면 되니까 밖에서 먹는 경우도 있었다.

어디에서라도, 누가 오더라도, 함께 식사하는 풍경이 당연하다는 듯 펼쳐진다.

시니엣이 반영하는 사회적 배경

그런데 타쿠와는 하루도 빼놓지 않고 오므니야의 집에 찾아왔다. 자연스럽게 부엌에 들어와 청소나 잡심부름 등을 부지런히 도와주고는 함께 식사를 했다. 상냥하고 귀여워서 나는 그녀가 찾아오는 것이 기다려졌는데, 오므니야는, "그녀의 가정은 형편이 어려워서 우리 집에 오지 않으면 하루에 한 끼밖에 먹을 수 없어. 그래서 밥을 먹여 주는 대신에 일을 시키는 거야."라며 복잡한 심정을 털어놓았다. 도우미 일을 맡아 해 주는 레베카도 남수단에서 온 난민이다.

만성적인 빈곤이 문제인 수단에서는 매일의 식사가 어려운 사람들이 적지 않다. 그러한 현실을 알게 되니, 시니엣에 둘러앉아 그들과 함께하는 식사 시간이 한층 더 고맙고 소중하게 느껴진다.

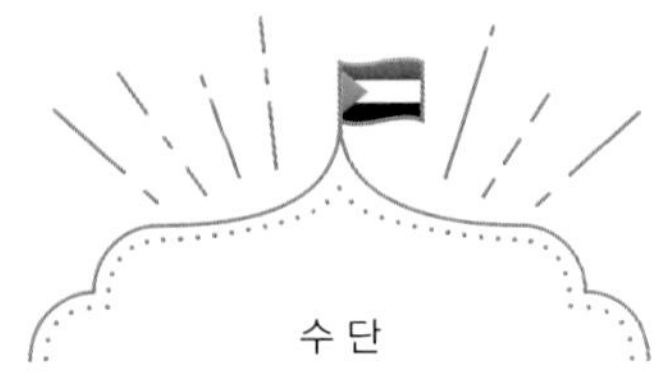

자르는 방법에 따라서 세 번 변신하는 오크라 요리

오크라 대국으로서의 수단

수단의 부엌에서 기억에 남는 재료가 있다면, 오크라와 수수를 꼽을 수 있다.

오크라는 일본에서도 친숙한 야채다. 수단의 밥상에는 하루가 멀다 하고 오크라가 등장했다. 실제로 수단은 세계에서도 손꼽히는 오크라 대국인 것이다. 그 생산량은 세계 3위(FAOSTAT, 2018). 북아프리카가 원산지로 알려져 있으며, 오래전부터 먹어 왔던 야채다.

수도 하르툼의 시장을 다니다 보면, 노상에서 오크라를 수북이 담아 팔고 있는 것이 눈에 띈다. 마른 식재료를 판매하는 가게에는 차, 스파이스와 함께, 바싹 말린 오크라가 산더미처럼 쌓여 있다. 무심코 식당 안을 들여다보니, 두꺼운 크레이프에 녹색 오크라시츄를 뿌린 음식을 많은 사람들이 먹고 있다. 시장을 걷기만 해도 '오크라 대국이구나'라는 사실을 충분히 느낄 수 있었다.

수수는 척박한 토지에서도 잘 자라는 벼과에 속하는 곡물로, 아프리카 주식의 하나다. 수단에서는 수수가 주재료인 아시다Asida와 키스라Kisra를 잘 만들면 좋은 며느릿감이 될 수 있다는 말이 전해져 온다고 한다. 아시다는 냄비에 물을 끓여 수수가루를 넣고 저어서 만든 죽이며, 키스라는 수수가루를 물에 풀어 반나절 동안 따뜻한 곳에 둔 후, 구워 낸 신맛 나는 크레이프다. 근래의 일본에서는 수

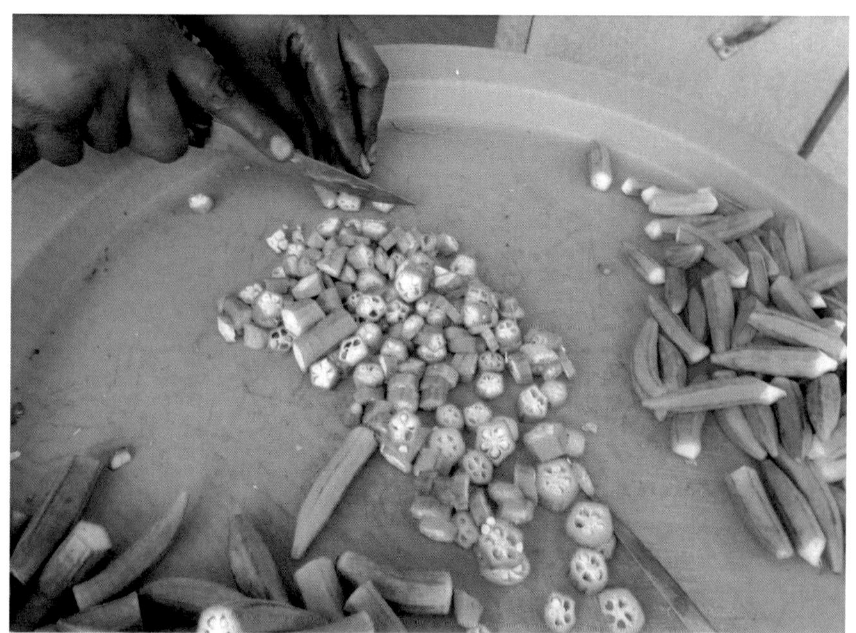

오쿠라의 손질법. 자세히 보면 두 종류로 나누어 자르고 있다.

수를 자주 먹지 않으나, 고등학교 지리의 자료집에는 코우량(다카기비)이라고 표기돼 있고, 나이 드신 분들에게 물어보니, 예전에는 일본에서도 자주 먹었다고 한다.

지인의 소개로 이번에 방문하게 된 집은 아브도 씨 댁이다. 아브도는 수단에서 채굴한 금을 트레이딩하는 회사를 경영하고 있었고, 그래서인지, 집에 있어도 항상 분주해 보였다. 하지만 사람들에게 다정하고 친절해서 주위의 모든 사람들이 그를 잘 따랐다.

아브도의 집을 친척들이 '큰집'이라고 불렀다. 3층 건물의 큰 집이라는 물리적인 이유도 있지만, 열 명 이상의 친척들이 같이 살고 있고, 이슬람교의 휴일인 금요일이 되면, 근처에 살고 있는 친척들까지도 몰려온다. 많은 사람들이 모이는 장소로서의 '큰집'으로도 모두에게 사랑받고 있었다.

마침 내가 수단에 도착한 날은 금요일. 친척이나 이웃 주민까지 들어오고 나

건물 밖의 부엌(왼쪽)과 건물 안의 부엌(오른쪽).
보통 때 식사 준비는 안에서 하지만, 이 나라에서는 부엌이 여러개 있는 집들이 흔하다. 이 집의 경우, 여러 세대가 같이 거주하고 있어, 사실은 2층에 부엌이 하나 더 있었다.

가고를 반복하면서 집 안은 시끌벅적한 분위기였다. 모두들 자기가 좋아하는 수단 요리를 하나씩 가르쳐 주었다. "토요일에는 도우미 아주머니가 오시니까 그분에게 일반 가정의 요리에 대해 배우면 제일 빠를 거야. 내가 미리 얘기해 두었어."라고 아브도가 귀뜸해 주었다. 어쩜 이렇게 딱 좋은 타이밍에 도착한 거니, 나! 이 댁은 대가족이지만, 여자들도 모두 밖에서 일을 하기 때문에 도우미 아주머니에게 일주일에 한 번, 한 주 동안 먹을 수 있는 양의 음식을 부탁하고 있다고 했다.

가사 도우미분에게 오크라 요리를 배우다

다음 날 아침 9시, 도우미 아주머니 하와 씨가 도착했다. 하와는 오자마자 이번 주에 만들 요리의 재료들을 받아서는 부엌 바깥에서 준비를 시작했다. 가족 중 한 분이 "오늘은 이 아이가 실습생이에요."라고 나를 소개하자, 하와는 방긋 웃으면서 손짓을 한다. 그쪽으로 가 보니, 솥, 솥, 솥, 무슨 솥들이 그리도 많은지. 아니, 음식을 몇 가지나 만들 작정인 거지?

그녀는 차례로 야채를 손질해 가는데, 양파는 다지고, 가지는 소금물에 담가 두는 등, 동시에 척척척 조리를 진행했다. 야채를 자를 때는 도마를 따로 사용하지 않는다. 큰 가지 등을 자를 때에는 플라스틱 시니엣이 도마 역할을 대신했고, 토마토는 손으로 든 채 패티나이프로 잘랐다. 세계 각지를 다니다 보면, 동아시아 일부를 제외하고 도마를 쓰지 않는 나라가 꽤나 많다.

한 번에 이렇게 많은 종류의 냄비가 필요할까 생각했는데, 하와는 모든 냄비에 요리를 꽉 채우고 돌아갔다.

나는 도마를 사용하지 않는 이 조리법을 좋아한다. 한정된 장소에서도 구애받지 않고, 사람들과 얼굴을 마주 보며 일을 할 수가 있기 때문이다. 공통의 언어로 대화가 되지 않더라도, 같은 직업을 하다 보면 자연스럽게 커뮤니케이션이 되는데, 요리의 그런 점이 나는 좋다. 이때도 "나도 해 보고 싶어요."라고 보디랭귀지로 의사를 전달해 패티나이프를 건네받는 데 성공했다. 이제 오크라를 한번 잘라 볼까. 그런데 그녀는 오크라를 봉지에서 꺼내더니, 큰 오크라와 작은 오크라를 선별하기 시작하는 게 아닌가.

'아니, 뭐 하는 거지?'

작은 사이즈의 오크라는 새끼손가락만 한 크기로, 머리의 딱딱한 부분만 연필을 깎을 때처럼 조금씩 도려냈다. 나도 그녀를 흉내 내어 패티나이프로 깎아 보는데 "아니 아니!"라고 지적을 당한다. 자세히 보니, 그녀가 깎은 오쿠라의 단면은 부드럽게 깎인 것이 보기 좋게 안의 하얀색이 드러나 있는데, 내 오쿠라는 너무 깎여서 안의 씨까지 다 보였다. 하와는 씨가 보이지 않게 조심하면서 겉 표면만 살짝 도려냈던 것이다. 오크라를 이렇게 깎는 건 본 적이 없어! 큰 오크라는 머리와 꼬랑지를 잘라 낸 후, 자주 보던 방식대로 동그랗게 자른다. "큰 오크라는 딱딱하지만, 작은 오크라는 연하기 때문에 자르지 않고 통째로 사용해. 크기에 따라 사용법도 달라지거든." 하고 가르쳐 준다.

아까부터 솥 안에서는, 뼈 붙은 소고기에 양파와 토마토를 넣고 푹 삶아서 걸쭉하게 우려낸 수프가 부글부글 끓고 있었다. 이제부터 이를 두 개의 솥에 나누어, 각기 다른 두 종류의 스튜를 만든다. 한쪽 냄비에는 연필처럼 깎아 놓은 오크라를 투입하고, 마후라카라고 하는, 끝이 T 자 모양으로 생긴 기다란 봉으로 대충 저어 주었다. 그대로 더 끓여 소금, 후추, 고수파우더로 맛을 내면, 바미야 다비흐

둥글게 썬 오크라를 냄비에 넣고, 마흐라카를 양손에 끼운 채 회전시켜, 잘고 곱게 갠다. 이 요리 도구는 일본의 사이바시*처럼 혼자서 몇 가지 역할을 한다.

Bamia tabih(간단하게 '바미야'라고도 함)라고 하는 '소고기와 오크라의 스튜'가 완성된다. 오크라가 통째로 들어간 토마토 베이스의 조림 요리로 고수의 독특한 향이 살아 있어 약간 스파이시했다.

다른 한쪽의 냄비는, 소고기를 꺼낸 후, 동그랗게 자른 오크라를 넣고 거의 익어 갈 때쯤, 마흐라카를 양손으로 비벼서 회전시키기 시작했다! 냄비 안에서 오크라의 섬유가 분해돼 끈적거림이 점점 강화되는데, 인력에 의한 핸드브랜더의 힘이 작용하는 셈이다. 생각 같아서는 국물이 사방으로 튈 것도 같은데, 끈적거림 때문인지 튀지도 않는다. 돌릴 때 나는 소리도 폴짝폴짝하니 가볍지 않고 질퍽질퍽하니 묵직했다. 시장의 음식점에서 본 적 있는 녹색의 시튜로 점점 바뀌어 가는데, "마흐라카로 으깨 주는 요리라서 마흐루크라고 해."라고 하와가 이름을 알려 주었다. 일본의 슈퍼에서 항상 봐 왔던 친근한 야채 오크라가 눈앞에서 전혀 본 적 없는 요리로 변신해 가는 과정이 흥미롭다.

마지막으로, 미리 꺼내 놓았던 뼈 붙은 소고기를 다시 넣고, 소금, 후추, 간마늘로 맛을 내면 바미야 마흐루크의 완성. 바미야 마흐루크는 주식인 크레이프(키스라) 위에 뿌려서 먹는다. 바미야 다비흐와 거의 같은 재료를 사용하는데, 이쪽은 마늘 향이 살아 있어 맛이 산뜩했다.

오크라를 활용한 또 다른 요리

오크라를 제각기 사용한 빨간색과 녹색의 스튜가 완성됐다. 그 밖에도 점액 성분이 있는 야채 모로헤이야 수프, 쇠비름Portulaca oleracea스튜, 미트볼의 코프타Kofta, 기름에 튀긴 가지의 샐러드 등, 하와는 여섯 시간 동안 모두 여덟 종류의

---

* 사이바시菜箸: 긴 나무젓가락 모양의 도구.

시장에서 팔고 있는 건조된 오크라. 이것을 가루로 만들어 끈적끈적한 식감의 요리를 만든다.

왼쪽 요리가 구라사. 스푼과 개인 접시가 필요 없는 식탁은 간결해 보인다.

반찬을 만들어 놓고 돌아갔다.

덧붙여 말하자면, 오크라를 사용한 색 다른 요리가 하나 더 있었다. 친척들이 모인 금요일 점심 '구라사Gurrasa라고 하는 전립분의 두툼한 크레이프에, 소고기를 갈아서 만든 갈색 스튜를 뿌리고, 다시 구라사를 올려서 포갠 것을 큰 접시에 담아 손으로 먹었다. 이 스튜에 최종 마무리로 사용되는 것이 다름 아닌 오크라를 말린 가루 웨카weka였다.

"웨카를 넣는 타이밍은 다 끓이고 나서 불을 끄기 1분 전이야. 1분 끓이면 충분해. 맛은 똑같지만, 이걸 넣지 않으면 국물이 흘러서 먹을 수가 없거든. 수단의 부엌에서는 빼놓을 수 없는 필수품이지."

금요일의 식사 당번 사미아 씨가 가르쳐 주었다. 사미아는 아브도의 누나로, 이 집에서 같이 사는 대가족의 일원이다. 끈적끈적한 소고기스튜는 비프스튜와 비슷한 맛이 났고, 소박한 맛의 구라사와 잘 어울렸다.

수단에서는 여러 명이 큰 접시 앞에 둘러앉아 식사를 한다. 세 종류의 오크라 요리의 훌륭한 점은 액체 상태의 음식도 손으로 먹을 수 있다는 것. 묽은 수프는 스푼이나 각자의 그릇이 필요하지만, 오크라를 이용한 수프는 한 손으로도 먹을 수 있다. 일본에서도 흔히 볼 수 있는 야채이지만, 세 종류로 변신시켜 버리는 그들의 지혜에 탄복함과 동시에, 오크라의 점액 성분이 개방적인 수단의 식탁에 일조하고 있다고 생각하니, 오크라에 대한 애정이 한층 더 깊어진다.

Bamiya

바미야

수단에서 배운 오크라를 사용하는 세 종류 요리 중의 하나인 빨간 스튜.
조림 요리 등에 어울리는 오크라의 손질법은 '연필을 깎듯이 다듬는 것' 이에요.

재료(2인분)

오크라	(8~10개)
소고기 덩어리(목심살이나 양지등)	100g
양파	1/2개
마늘	1쪽
토마토(커팅된 것으로)캔	1/2캔(200g)
고수파우더	1작은술
소금, 후추	약간
기름	1큰술

이 요리에 적합한 오크라는 작고 부드러운 것. 이러한 오크라는 통째로 이용하기에 좋습니다.

만드는 방법

1 양파와 마늘은 다지고, 소고기는 한입 크기로 자른다.

2 오크라는 위의 꼭지 부분을 연필을 깎듯이 도려낸다. 이때 안쪽의 비어 있는 부분까지 칼자국이 나지 않도록 주의할 것.

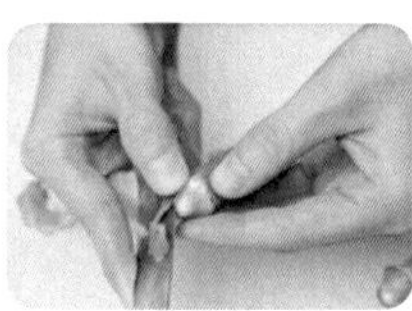

3 프라이팬에 기름을 두르고 마늘과 양파를 볶는다.

4 양파색이 변하면 소고기를 넣고 볶다가 표면이 익으면 소금, 물400밀리리터를 더해 끓인다.

5 끓어올라 거품이 생기면 국자로 걷어 낸 후, 약불로20~30분 끓여 준다.

6 커팅된 토마토를 넣고 다시 한번 끓여 낸다.

7 오크라와 고수 파우더를 넣고, 소금, 후추로 맛을 조절한 후, 오크라가 연해질 때까지 15분 정도 더 끓여 준다.

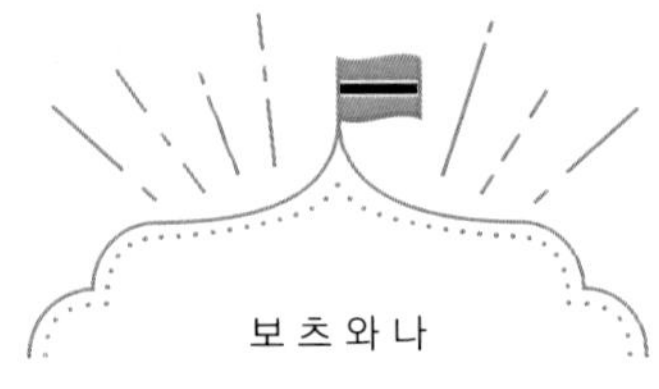

노점상에서 배운 보츠와나의 가정 요리

가보로네

시민들의 점심 식사

아프리카의 나라, 보츠와나에서 노점상을 운영하는 자매의 부엌에서 보조로 일하게 됐다. 일반 시민의 식생활에 대해 알 수 있을 것 같아서 내 쪽에서 부탁했다.

보츠와나는 남아프리카의 바로 위에 위치하는, 아프리카 남부의 내륙국이다. 주된 산업은 다이아몬드 채굴로, 사실상 아프리카 국가 중에서도 경제 수준이 꽤 높은 편이다. 나는 수도 가보로네Gaborone에서 며칠간을 보내고 있었다. 지방으로 부엌 탐험을 가기 위한 스케줄 사이에, 특별히 갈 곳도 없고 해서 낮에는 친구의 직장 오피스에서 시간을 때우고 있었다. 점심시간 때 밖에 나가 보니, 많은 사람들이 지나다니는 길가에서 식사를 제공하는 노점상들이 북적거리며 영업 중이었다. 오피스가의 사람들에게 디죠Dijo(츠와나어로 '식사'라는 뜻)를 제공하는 '디죠스탠드'다. 주식과 반찬을 고르면 도시락처럼 담아서 포장해 준다.

보츠와나에서는 외식이라고 하면, 고급 레스토랑이나 체인점이 대부분이고, 간편하게 식사를 할 수 있는 곳이 그리 많지 않다. 디죠스탠드는 일상의 식사를 제공하는 밥집과도 같은 존재였다.

처음에는 밖에서 사 먹는 음식이라는 생각에 그다지 관심이 가지 않았다. 그

많은 사람들로 붐비는 토코와 크렌의 디죠스탠드는 점심때만 되면 나타나서 테이블을 펼치고 장사를 하고, 점심 이외에는 자취도 없이 사라진다.

런데 실제로 주문을 해서 먹어 보니 전형적인 가정 요리의 맛이었다. 주식으로 먹는 찰기 있는 죽, 그리고 고기와 야채, 하나같이 심플한 맛으로, 스파이스나 허브의 강한 맛도 전혀 나지 않았다.

이번에 신세를 지게 된 것은 토코와 크렌의 자매가 운영하고 있는 디죠스탠드다. "어제 여기서 산 디죠가 너무 맛있었어요! 내일 와서 요리를 배우고 싶어요!"라고 느닷없이 부탁을 하자, 좀 쑥스러워하는 듯 했지만, "아침 6시부터 준비하니까 편한 시간에 와."라며 수락해 주었다. 수많은 디죠가게 중에서도 맛집으로 알려진 곳이다. 그날 밤은 들뜬 마음을 안고 일찌감치 잠을 청했다.

동트기 전부터 시작되는 장사 준비

다음 날 아침 6시. 어제 알려 준 주소로 찾아갔다. 밖은 아직 어둑어둑했고 차들도 거의 다니지 않았다. 하지만 자매의 부엌에는 벌써 냄비가 불 위에 얹혀

주식은 토코가 만들고, 반찬은 크렌이 담당한다. 호박도 도마없이 직접 자르기 때문에 테이블은 상처투성이.

있었다. 이러한 생활을 15년 전부터 해 오고 있다고 한다. 아침 일찍 제일 먼저 준비한 냄비에는 비트beets가 끓고 있었다. "일주일에 5일, 월요일부터 금요일까지 쉬지 않고 장사하고 있어."라며 비트가 잘 익어 가는지 확인하면서, 언니 토코가 이야기해 준다. 고등학교를 졸업했는데 성적이 좋지 않아 대학교에는 진학하지 못하고 요리라면 자신 있어서 디죠스탠드를 시작한 것이라고 했다. 그리고 얼마 후에 동생 크렌도 가세해서, 8년 전부터는 둘이서 같이 하고 있다고.

주식인 죽을 준비하고 있는 언니 토코의 옆에서 동생 크렌은 호박을 썬다. 두 사람의 호흡이 척척 맞아 일의 진행이 빠르다.

이날의 메뉴는 다음과 같다. 손님은 이 중에서 주식, 메인요리, 야채를 하나씩 고르는 식이다.

주식: 파파(옥수수 가루로 만든 죽), 보호베(수수가루로 만든 죽), 산프(잘게 자른 옥수수 알갱이와 콩을 삶은 것), 쌀밥

메인요리: 구운치킨, 고기스튜, 간볶음

야채: 모로호(말린 초록색 야채)의 볶음 요리, 비트샐러드, 땅콩버터의 달달한 호박조림, 양배추볶음, 양배추의 마요네즈 샐러드

서비스: 수프, 칠리소스

모든 메뉴가 보츠와나의 기본적인 가정 요리였다. 조미료는 심플하게 소금과 기름 정도이고(하지만 둘 다 듬뿍!), 샐러드에는 식초도 사용한다. 매일 여러 종류의 음식을 만드는데도, 둘의 조미료 케이스에는 소금, 설탕, 식초밖에 없었다. 스파이스는커녕 후추조차 찾아볼 수가 없었다.

맛도 심플하지만, 메뉴도 심플하다. 어제도, 그제도, 매일 거의 같은 메뉴라

삼발이 솥의 자취

보츠와나에서 옛날부터 사용되는 것은 삼발이 솥으로, 더치 오븐처럼 중후한 금속으로 만든다. 냄비 받침대 없이 모닥불에 직접 요리할 수 있을 뿐만 아니라, 보온성도 탁월해 실외에서의 요리에 최적이다. 보츠와나는 비가 오는 날이 적어서, 도시 이외의 지역에서는 일상의 요리도 밖에서 하는 경우가 많다고 한다. 하지만, 도시의 생활에서는 사용하기 어려운 도구다.
생활 스타일이 달라지면, 사용하는 도구도 자연스럽게 달라진다.

고 한다. 디죠스탠드는 매일 안심하고 먹을 수 있는 서민들의 부엌의 연장선과도 같은 존재인 것이다.

보츠와나의 건조한 기후가 탄생시킨, 이 나라의 대표적인 식재료는 말린 야채 모로호. 동부콩black-eyed bean 잎을 햇빛에 말려 딱딱하게 만든 안가의 재료다. 물에 불린 다음 삶아 내는데, 쓴맛이 나고 단맛이 적기 때문인지 튀김처럼 많은 양의 기름을 사용해 조린다(기름은 재료가 가지고 있는 단맛을 끌어낸다). 그 기름의 양이 당혹스러울 만큼 과했다. 기름에 흠뻑 빠진 감바스 알 아히요와도 비슷한 모로호는 위에 상당히 부담스러울 것 같았지만, 이를 반찬으로 걸쭉한 죽 파파를 잔뜩 먹는 것이 가장 보편적인 보츠와나의 식사인 것이다. 물론, 자매의 디죠스탠드에서도 제공하고 있는 메뉴다.

수박? 호박? 멜론?을 넣고 지은 밥

요리를 돕고 있는데, 아까부터 계속 신경이 쓰이는 식재료 하나가 있었다. 부엌의 한쪽 구석에 거대한 수박 하나가 놓여 있는 것이었다. 그런데 크렌이 들고 와 자르니 안에는 호박 같은 오렌지색의 과육이 들어 있는 게 아닌가. "이게 호박이에요? 수박이에요?" 궁금해서 물어보니, "레로체야. 멜론의 한 종류라고 생각하면 돼."라고 한다. 썰고 남은 가장자리의 한 조각을 먹어 보니, 달지 않은 멜론 같기도 하고 오이 같기도 했다. 참으로 이상야릇한 것이 도대체가 정체를 알 수 없는 야채다.

겉모양은 수박처럼 생겼지만, 잘라보면 안은 호박같다. 생긴 것도 조리법도 레로체는 이상한 야채다.

그렇게 나 혼자 혼란스러워하고 있는데, 크렌은 레로체를 토막 내어 껍질을 까서 큰 냄비에 투입한 후, 물을 붓고 불 위에 얹었다. 지금 멜론을 삶으려는 건가? 다른 요리가 진행되는 동안, 열을 가해서 물렁해진 레로체는 점점 더 형태가 없어졌고, 가끔 레호토라는 저을 때 쓰는 도구로 휘휘 저어 주니, 완전한 액체 상태가 됐다. 디저트라도 만들려나…? 이제부터는 주식을 담당하는 토코의 작업이 본격적으로 시작된다. 이 오렌지색의 액체에 수수가루를 넣고, 레호토를 양손 사이에 낀 채 회전시켜 가면서 죽을 쑨다.

단, 수수가루는 한 번에 넣지 않고 조금씩 넣어서. 아까 먹어 본 레로체는 달지 않았지만, 익히니까 달짝지근한 맛이 느껴졌다. 이렇게 해서 레로체의 오렌지색 죽, 보호베가 완성됐다. 죽에 과일(인지 확실하지 않지만)즙을 넣다니! 좀 놀라웠지만, 주식에 무언가 다른 재료를 첨가함으로써, 매일 먹는 음식에 약간의 베리에이션을 제공해 주는 것이 디죠스탠드의 장점인지도 모르겠다.

여러분들의 부엌 같은 식당이 오픈합니다!

어느덧 11시. 수다를 떨고 있는 사이에 장사를 개시할 시간이 됐다. 완성된 요리를 차에 모두 싣고, 언제나 찾아가는 장소로 향했다. 도착해서, 뒤에 실어 놓았던 테이블을 꺼내고, 천을 깐 다음, 음식들을 가지런히 진열한다. 두 자매 옆에서 "웰컴! 웰컴!" 하며 호객 행위를 하고 있노라니, 한 사람, 두 사람, 순식간에 손님들이 줄을 섰다.

"치킨은 그쪽에 있는 닭 다리 큰 걸로, 국물 듬뿍 담아서!"
단골 손님이 매번 같은 스타일의 수문을 한다.

한 손에 두 그릇 분량을, 용기에 푸짐하게 담아낸다.

"보호베 곱배기에, 치킨하고, 음… 그리고 야채는 전부 다. 치킨은 닭 다리 쪽으로 담아 줘요. 국물도 좀 넉넉히." 한 사람 한 사람의 주문이 까다롭다. 죽이나 밥을 수북하게 담고, 고기 국물도 넉넉하게 담는 것이 잘 나가는 주문 패턴이라고 한다.

보기만 해도 배가 불러 오는 양이다. 다들 한창 먹을 때의 성장기 청소년 같아 피식하고 웃음이 나온다.

토코와 크렌이 '도와줘서 고맙다'며 나에게 수고비를 지불하려고 했다. 고마운 건 나고, 돈을 지불하고 싶은 건 내 쪽이라고 거절하자, "그럼 미사토를 위해서 스페셜 모듬 도시락을 만들어 줄게."라며, 특별한 도시락을 만들어 주었다. 그 도시락 하나로, 보츠와나의 가정 요리를 한꺼번에 다 맛본 것 같았다. 살짝 달달한 레로체의 보호베는 다른 반찬 없이 먹어도 질리지 않을 듯한 맛이었다.

"스페셜 도시락 정말 맛있었어요!"

점심 휴식에서 돌아오자, 마지막 손님이 와서 준비된 도시락은 무사히 완판됐다.

노점상, 디조 스탠드는 제2의 '가정의 부엌'으로서 많은 사람들의 점심 식사를 책임지고 있었다.

보츠와나의 탐험기

수련의 뿌리를 찾아서

오카방고 삼각주Okavango Delta 부근에서는 수련을 캐 먹는다는데, 한번 같이 가 볼래?
수도 가보로네에서 예상치도 못한 멋진 권유를 받고, 1,000킬로미터 떨어진 호수를 향했다.

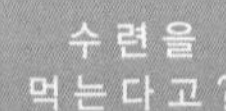

수련을 먹는다고?

보츠와나의 일부 지역에서는 수련의 뿌리를 식용으로 이용하고 있다. 이름은 트위Tswii라고 하며, 연근과는 다르다.

1. 출발

지인의 차로 출발. 가보로네의 시가지를 조금 벗어나면, 거기는 다름아닌 사파리의 세계. 코끼리나 구세계독수리Old World vulture 등과 우연히 맞닥뜨리기도 하며 트럭이 전진한다.

2. 아프리카의 슈퍼 과일나무 바오바브를 발견하다

'와— 생텍쥐페리의 『어린 왕자』에 나오는 나무다!'
건조한 대지에 우뚝 서 있는 거대한 나무를 발견. 한 발짝 다가서서 지면에 떨어진 과실을 주웠다. 껍질이 딱딱해서 흔들어 보니 마라카스와도 같은 소리가 난다. 두들겨 껍질을 깨 보니, 씨앗이 흰색 가루에 둘러싸여 있다. 맛을 보니 조금 시다.

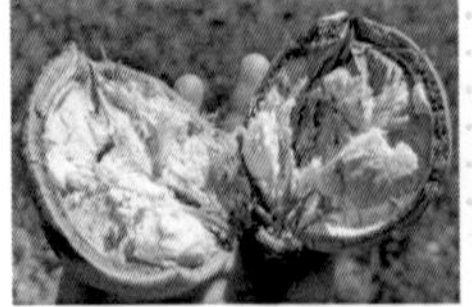

거목 바오바브는 도쿠리* 처럼 두툼한 몸매가 귀엽다.

(왼쪽) 체내에 필요한 영향소들이 다량 함유되어 있는 슈퍼푸드. 물에 타서 주스로 마시면 새콤달콤하다.
(오른쪽) 딱딱한 과육은 벨벳과 같은 촉감의 털로 쌓여 있다.

* 도쿠리: 일본의 토기로 된 술병으로, 주둥이가 좁으며 몸통이 통통한 모양을 하고 있다. 주로 사케를 데워 마실 때 사용한다.

3. 오카방고 삼각주에 도착

오카방고 삼각주의 언저리 부근에 자리한 보로츠마을에 도착. 훤칠한 키의 미남 에드워드가 트위를 캐러 가는 길의 동행을 허락해 주었다. 그가 직접 만든 보트로 노를 저어 호수에 나가 보니, 수련의 잎들이 호수의 표면을 가득 채우고 있다. 그런데 도대체 어디를 먹는다는 거지?

4. 수련의 뿌리를 수확

보트를 저어 안쪽으로 들어가자, 그가 호수 안으로 몸을 던진다. 보기만 할 예정이었던 나도 어느새 옷을 입은 채로 뛰어들고 말았다.
수련은 가냘프고 아름다운 이미지가 있지만, 뿌리를 캐는 일은 말 그대로 진흙탕 싸움. 뿌리가 서로 뒤엉켜 있어, 잡아 뽑으려고 해도 간단히 뽑히지 않았다. 호수 바닥에 딱 달라붙은 채, 진흙을 양손과 양발로 밀어 헤치면서 캐낸다.

(왼쪽) 나도 성공했다! 그가 다섯 개 캐내는 동안 내가 캔 건 겨우 한 개.
(오른쪽) 보기에는 뿌리처럼 생겼지만 식물학적으로는 줄기라고 한다. 잎을 소형 나이프로 잘라 내고, 잔털도 깎아 내면 식재료로써 완성.

5. 곧바로, 조리시작

트위의 포기는 거대해서 캐내는 작업이 보통 일이 아닌데, 사람이 먹을 수 있는 부분은 아주 조금뿐이라고 한다!
중간 손가락 사이즈의 뿌리를 연필 깎듯이 깎아, 삼발이 철 솥에 넣고 소고기와 같이 한 시간 넘게 조린다. 마지막에 주걱 등으로 꾹꾹 눌러 으깨면 전체가 페이스트 상태가 된다.

조미료로 소금과 기름을 대량 투입한다. 조리 마지막 단계에서 기름을 세 번 돌려 가며 졸졸졸 부어 대는데, 그 양에 깜짝 놀랐다.

6. 수련의 소고기 조림의 완성

드디어 완성. 에드워드는 요리를 법랑 접시에 담아, 튀긴 빵도 하나 같이 내게 건네 주었다. 수련의 뿌리는 우엉과 감자를 합해 놓은 것 같기도 하고, 살짝 쓴맛이 나는 게 소고기 우엉 조림을 떠오르게 한다. 이번에 겪은 고생을 모조리 다 보상해 주는 듯한 맛이다.

수단과 보츠와나의 결혼식 축하연에 잠입!

결혼식의 주방

축하연에는 진수성찬이 빠질수 없는 법. 이번에는 로컬한 결혼식의 주방풍경을 소개한다. 평상시와는 사뭇 다른, 특별한 요리와 풍습을 발견할 수 있다.

전야부터 축제 기분! 메인 요리인 염소고기를 만끽하다

해외의 가정을 방문하다 보면, "내일 근처에서 결혼식이 있는데, 한번 같이 가 볼래?"라는 권유를 받을 때가 있다. 좋은 일은 많은 사람들로부터 축하받는 것이 당연하기 때문에 누구든지 웰컴인 것이다. 이런 경우에도 물론, 나의 발걸음은 부엌으로 향한다.

수단에서 참가한 결혼식은 옥외에서 열려, 마을 사람들은 말할 것도 없고 차로 우연히 지나치기만 해도 하객이 됐다. 형식적인 의식 절차가 아닌, 하루 종일 이어지는 파티로, 하객들은 편한 시간에 왔다가 편한 시간에 돌아갔다.

메인 요리인 염소고기 요리는 마을 사람들이 모여 전날 밤부터 만드는데, 이 또한 전야제를 방불케 하는 축제 분위기였다. 새벽 1시까지 본격적인 조리를 위한 여러 가지 준비 작업을 하고, 다시 새벽 4시부터 요리를 시작했다! 그 정도로 사람들의 성의와 열의가 보통이 아니다. 내장 하나하나가 제각기 다른 요리로 탄생했다. 메인으로 쓰이는 고기 요리와 주식은 직접 만들지만, 서브 요리로 쓰이는 야채요리는 업체에서 담당한다. 그렇게 준비된 진수성찬은 보통 때보다 두 배는 큰 시니엣에 올려져서 남녀 각각의 자리에 운반된다.

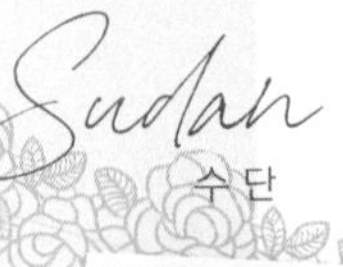

1 죽을 쑤는 솥은 거대하고, 젓는 도구 마흐라카는 카누의 노처럼 길었다.
2 "이쪽으로 와!"라며 나를 반겨 준 마을 사람들.
3 시니엣에 접시를 다 올려놓지 못하고 포개듯 놓는다.
4 죽과 같이 먹는 수프도 마을의 여성들이 만든다. 담을 때는 그릇으로 퍼 담는다.
5 남성들 테이블에도 잠깐 실례.

1 이마에 땀을 흘려 가며 긴 봉으로 세스와를 찧는다.
2 큰솥에 가득찬 세스와는 대담하게 두 개의 접시로 담아낸다.
3 "집에 가져갈래?" 뒤돌아 보니, 남은 세스와를 머리에 이고 있는 여성.
4 노란색 밥에 새빨간 비트도 보이는 것이 결혼식 음식은 역시 컬러풀하다.
5 천막 안의 테이블에 정장을 입고 착석한 사람들은 전체 중의 일부분에 지나지 않는다.

결혼식에서 빠트릴 수 없는 소고기 요리, '세스와'

보츠와나의 결혼식도 밖에서 진행됐다. 대형 천막을 친곳에 사람들이 하나둘 몰려와 결국 500명 이상이 모였는데, 천막 안에는 다 못 들어가고, 밖으로 넘쳐나는 사람의 수가 훨신 더 많았다. 주방을 들여다보면, 삼발이 솥이 여기저기에서 눈에 띄고, 더 안쪽에는 사람의 키만큼 긴 봉을 들고 냄비 앞에 선 남성의 모습도 보인다. 그들이 만들고 있는 것은 '세스와'라는 소고기 요리. 결혼식을 대표하는 별미로 이것을 목적으로 찾아오는 사람들까지 있을 정도라고 한다.

이른 아침에 소를 잡아, 사태의 질긴 고기 살을 봉으로 몇 시간씩 빻은 후, 삶아서 부드럽게 하는데, 체력 소모가 크기 때문에 남자들이 만드는 요리로 알려져 있다. 좀 피곤해 보였지만, "어서 먹어!"라며 활짝 웃는 얼굴에는 뿌듯함이 배어 있다. 주방은 땀과 활기로 가득 차 있고, 주변에서 뛰어다니는 아이들의 웃음소리가 사방으로 울려 퍼진다.

줄을 서면, 큰 접시에 요리를 한 번에 담아 주는데, 사람들이 많고 특별히 정해진 좌석도 없이, 그냥 빈자리를 찾아 앉으면 된다. 다 먹은 후에는, 노래하고 춤추고 각자 자유롭게 결혼식을 만끽하며 하루가 저문다.

아침 식사가 12시이고, 점심 식사는 17시라고?

해외의 가정에서 머무를 때면, 음식뿐만 아니라 먹는 시간도 그 가정에 맞추게 된다. 특별히 어려운 점은 없지만, 가끔씩 당황할 때가 있다. 제일 놀란 것은 수단의 아침 식사로, 12시였다. 머물렀던 가정의 생활 패턴의 평균을 내 보면, 아침 6시나 7시에 일어나서 설탕이 듬뿍 들어간 밀크티와 비스켓을 먹고 활동을 시작한다. 그러나 이것은 '아침의 티타임' 이라는 인식이며, 조식으로 분류되지 않는다.

아침 식사를 하는 시간은 낮 12시. 후루ful(누에콩 조림) 와 빵을 주로 먹으며, 타메이야Tameyiya(병아리콩 고로케)가 곁들여지기도 했다. 무겁고 걸쭉한 아시다(수수가루 죽)에 야채스튜를 같이 먹기도 한다. 이는 잘 갖추어 먹는 점심 식사가 아닌 아침 식사다. 그리고 점심시간은 17시. 회사와 학교에서 돌아온 가족들이 모이는 메인 식사다. 빵이나 키스라(수수가루의 크레이프)와 함께 스튜 요리, 샐러드 등이 식탁에 놓인다. 이 시간에 든든하게 먹기 때문에, 저녁 식사는 먹는 둥 마는 둥. 특별히 하는 일 없이 수다를 떨면서 시간을 보내고 있으면, 20~21시에 "차하고 비스켓 좀 먹을래?" 라고 물으며, 다시 이야기 꽃이 피기 시작한다.

중동의 요르단 가정도 거의 같은 식이었다. 아침 7시에 달달한 차를 마시고, 직장이나 학교에 가서, 직장 동료들과 커피 타임을 갖는다. 아침 일찌감치 출근해서는 한 시간이나 수다를 떨다니! 일본에서는 좀처럼 볼 수 없는 광경이다.

남미의 경우에는 하루에 다섯 끼가 기본. 스페인 통치 시절에 침투한 습관인지, 가벼운 식사를 몇 번에 나누어서 한다. "아까 먹은 지 얼마 안 됐잖아요." 하고 놀랐더니, "원래 먹는 걸 좋아하거든!" 이라며 밝고 유쾌한 대답이 돌아왔다.

각자의 생활 속에서 식사 타이밍은 제각각이지만, 공통되는 말은, "때가 어디 있어. 먹고 싶을 때 아무 때나 먹으면 되는 거지!" 즐겁게 식사를 할 수 있다면, 언제, 몇 번이냐는 그리 중요하지 않다!

중동의 부엌

Middle Eastern Kitchen

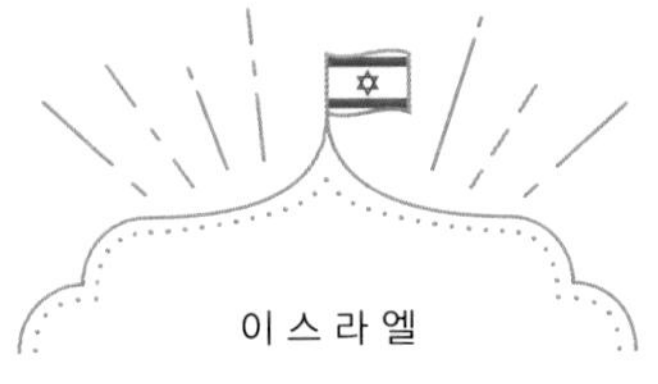

이스라엘의 안식일의 식탁은 가족의 역사가 반영된다

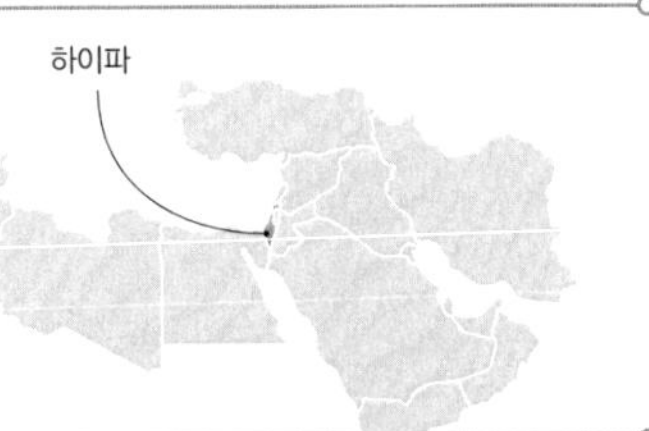

이스라엘 요리는 존재하지 않는다고?

이스라엘은 1948년, 유대교의 율법과 습관에 기반해 건국된 나라다. 유대교에도 이슬람교와 같은 식사 율법이 존재한다. 그럼 사람들은 무얼 먹는 걸까? 이스라엘 요리에는 어떤 게 있지? 너무나도 아는 게 없는 이 나라의 '식'에 대해 알고 싶어졌다.

이슬람교, 크리스트교, 유대교, 세 종교의 성지인 예루살렘의 시가지를 걷다 보면, 세계 각지에서 방문한 각 종교의 신자와 관광객들이 서로 뒤섞인다. 한편, 국민의 대부분은 유대교도들이다. 엄격한 정통파의 남성은 전신 검정색의 양복에 길게 딴 머리를 허리까지 늘어뜨리며 걷곤 하는데, 생경한 차림에 좀 놀랄 때가 있다. 나머지 대다수의 세속파 남성은 청바지 차림에, 머리에는 유대인의 모자 '키파'를 쓰기도 하고 안 쓰기도 하는 등 자유롭다. 이스라엘의 식생활을 살펴보면, 레스토랑에서는 세계 각지의 다양한 나라의 음식을 접할 수 있을 만큼 국제화되어 있다. '이스라엘만의 고유한 요리'를 찾으려고 해도 좀처럼 찾기가 어렵다. 이스라엘 요리라고 일컬어지는 병아리콩 고로케 팔라펠*과 달걀 요리 샥슈

---

* **팔라펠**Falafel: 이집트와 수단에서는 병아리콩 대신 누에콩을 사용하기도 하며, 타메이야라고 불린다.

안식일의 디너는 가족과 친척들이 함께 하는 식사. 이때의 메뉴를 보면 가족의 역사를 알 수 있다고?

카Shakshouka도 "그건 주변의 다른 나라에서도 먹는 음식을 그냥 이스라엘 요리라고 말하는 것뿐이야."라며 냉소적인 반응이 돌아올 뿐이다.

"각 가정에서 먹는 음식은 저마다 다르거든. 모두가 인정하는 이스라엘 요리란 존재하지 않아!"라고 말하는 이스라엘 국민도 적지 않다. 이 나라 사람들은 미국, 유럽, 중동에서 모였기 때문에 그들의 식문화 또한 제각기 다른 뿌리를 가지고 있는 것이다.

그러나, 어느 나라를 가더라도 그 집에서 자주 먹는 '우리 집만의 요리'라는 것은 분명히 존재할 것이다. 나는 운 좋게도, 유대인들에게 무엇보다 소중한 '샤바트(안식일)의 저녁'을 이스라엘의 제3 도시 하이파Haifa에 사는 리나토의 가족과 함께 보내게 됐다. 친구의 소개로 홈스테이 할 곳을 구했는데, 사전의 메시지로 "안식일 디너에 오세요."라며 초대해 주었다. 가족들만의 소중한 시간에 나를 받아 준 것이 기뻐서, "갈게요!"라고 느낌표를 왕창 붙여서 바로 답장을 보냈다.

금요일 저녁을 보내는 방법

이스라엘의 인구 구성을 보면, 유대교 75퍼센트, 이슬람교 18퍼센트, 그 외가 7퍼센트다(이슬람 중앙통계,국 2014). 거의 20퍼센트에 달하는 이슬람교도들에게 샤바트는 없지만, 금요일은 그들에게도 휴일이며, 가족들과 함께 지내는 중요한 날이다.

예루살렘의 구시가지. 황금빛의 지붕은 이슬람교의 모스크.

요리에 반영된 가족의 역사

안식일의 저녁 식사, 샤바트 디너는 금요일 밤으로, 저녁때가 되면 상점이나 레스토랑이 문을 닫고, 버스도 다니지 않는다. 유대교에서 정한 '어떠한 노동도 해서는 안 되는 날'이 시작되는 것이다. 깜빡 잊고 이 시간에 식사를 하기 위해 외출하면 아무것도 먹지 못하고 배를 쫄쫄 굶게 되겠지만, 그런 경우를 당하는 사람은 없는 듯했다. 집에 돌아가서, 가족과 친척들이 같이 식사를 즐기는 날로 인지되어 있는 것이다.

리나토는 IT 기업에 다니는 남편 리오, 그리고 세 명의 아이들과 함께 산다. 길고 구불구불한 웨이브의 금발이 차밍 포인트인 여성으로, 관광 가이드 일을 하고 있어서 항상 바빠 보였다. 하지만 샤바트의 요리는 그녀가 직접 만든다. 그녀의 일가는 유대인 사회를 상징이라도 하듯 국제적이다. 리나토의 가계家系는 폴란드계와 러시아계이고, 리오는 모로코계와 이집트계의 혈통을 이어 받았다. 샤바트의 식탁은 그러한 가족의 역사가 고스란히 반영돼 있었다.

두 가계家系의 요리

"어머나! 깜빡 잠이 들었는데, 벌써 시간이 이렇게 됐네!" 오후 4시 30분. 리나토는 금요일인데도 정오 지나서까지 일을 하고 돌아와서, 잠깐 쉬려고 누웠다가 그만 잠이 들고 말았다. 부엌으로 허둥지둥 달려간 그녀가 제일 먼저 만든 것

유대교의 식계율 코셔kosher란?

이스라엘의 맥도날드에는 치즈버거가 없다. '고기와 유제품을 사용한 요리' 를 코셔의 규정에서 금지하고 있기 때문이다. 그 밖에도 지느러미와 비늘이 없는 바다의 생물을 금하는 등, 구체적이고 복잡한 규정이 많다. 머릿속에서 혼동될 듯 하지만, 실제로는 사람마다 해석의 폭이 다양하기 때문에, 규칙을 그대로 암기해도 크게 의미가 없다고 한다. 결국에는, 규율과 종교도 개인의 의사 결정에 달려 있는 것이다.

은 치킨수프. 냉동실에서 꺼낸 닭 목 부위를 해동도 제대로 되지 않은 상태로 냄비에 집어넣고, 감자, 당근 등의 뿌리채소도 큼지막하게 썰어 넣었다. 컵에서 자라고 있는 셀러리는 대충 손으로 뜯어서 냄비에 투하한다. "너무 대충대충이어서 웃기지."라며. 물을 붓고 불을 켜서 한 시간 정도 서서히 국물을 우려내니, 깊은 맛의 수프가 완성됐다. 포토푀*와 비슷한 이 수프는 겨울이 특히나 추운 동유럽에서 즐겨 먹는 음식으로, 리나토의 어머니로부터 전수받았다고 했다. "재료에서 단맛이 우러나와 충분히 맛있다고 엄마는 넣지 않지만."이라고 말하고는 웃으면서, 크노르** 수프의 분말 가루를 잔뜩 넣었다. 엄마의 손맛에도 살짝 새로운 테이스트가 가미된 듯하다.

그다음으로 만드는 요리는 고수를 얹어서 익히는 모로칸피시. 리오의 어머니로부터 배운 레시피라고 한다. 리나토가 만들기 시작하는 것을 본 리오는, "나는 이 요리를 먹고 컸다고 해도 과언이 아니지."라며 싱글벙글 들뜬 듯한 표정을 하고 부엌으로 들어온다. 반면, 리나토는 "난 고수를 못 먹어서 이 요리는 그다지 좋아하지 않아. 하지만 리오와 아들, 그리고 우리 엄마까지 좋아하셔서 안 만들 수가 없네."라며 조금 떫은 표정이었다. 그래도 아주 싫어하지는 않는 듯했다.

깊은 프라이팬에 당근과 파프리카를 둥글게 썰어서 깐 후, 농어(흰살생선)를

* **포토푀**Pot-au-feu: 프랑스 가정 요리의 하나로, 소고기 덩어리와 당근, 양파, 샐러리 등의 야채와 스파이스를 넣고 장시간 우려내는 국물 요리. 일본 가정에서도 자주 등장하며, 일본에서는 덩어리 고기 대신 소시지를 사용하는 경우가 많다.

** **크노르**: 독일의 식품 브랜드로, 2000년부터 유니레버가 소유, 제조하고 있다.

모로칸피시의 냄비에는 고수가 넘쳐날 정도로, 꾹 눌러 넣는다.

가스레인지는 풀가동. 여러 종류의 요리가 동시에 조리된다.

얹고, 그 위에 고수를 올린다. 고수의 양은 냄비 전체를 뒤덮을 정도로, 자르지도 않고 긴 채로 듬뿍 올렸다. 그리고 파프리카 파우더가 들어간 빨간 오일을 반 컵 정도 부은 후, 뚜껑을 덮고 불을 켠다. "놀랐지? 나도 처음에 무슨 기름을 그렇게 많이 넣는지 이해가 되지 않았어."라며 방긋 웃는다. 아니, 기름의 양도 그렇지만, 내가 놀란 건 고수의 양이었다. 아마도 리오의 부모님이 사시는 모로코는 고수를 대량으로 재배해서 먹는 나라인가 보다.

식탁에 둘러앉아 듣는 가족의 역사

요리가 완성 되어 갈 때쯤, 근처에 사시는 할아버지, 할머니와 조카들이 모였다. 식탁에 촛불을 켰지만, 인원수가 많고 테이블이 모자라서, 촛불은 금방 부엌으로 치워졌다.

식사는 수프부터. 야채가 큼직하게 들어간 치킨수프는 닭의 육수가 잘 배어나 기운이 날 것 같은 맛으로 몸을 따뜻하게 해 주었다. 할아버지가 말씀하시길, "동유럽에서의 유대인의 삶은 가난했기 때문에 닭 가슴이나 닭 다리 살 등의 좋은 부위가 아니라, 값싸게 얻을 수 있는 닭 목을 사용했다네. 이 수프를 마시면 약도 난방도 필요 없을 것 같지 않은가? 그래서 '유대인의 페니실린'이라고도 불리는 걸세." 치킨수프 하나에 그러한 사연이 있을 줄이야…!

다음은 리오가 몸 달아 기다리던 모로칸피시. 새빨간 국물에서 입맛을 자극하는 스파이시한 향기가 솔솔난다. 이게 또 먹어 보면 깜짝 놀라지 않을 수 없다. 고수는 생으로 먹었을 때의 특유의 풋내가 전혀 없이 단맛이 났으며, 그러면서도 국물에는 스파이시한 맛이 배어 있었다. 아이들도 좋아하고 곧잘 먹었다. 리오의 어머니도 흐뭇해하신다. 이 요리가 몇 세대에 걸쳐 이어져 내려오는 이유가 가히

납득할 만하다.

사람들의 술잔이 오가며, 많이 웃고, 만복감이 차오를 무렵, 리나토가 이야기를 꺼낸다. "종교로서의 샤바트는 빵과 와인, 촛불이 필수이지만, 우리 집에서는 그렇게까지 의례적인 형식은 갖추지 않아. 요리도 특별히 정해진 것은 없고, 파스타만 먹을 때도 있어. 하지만, 가족들이 함께 테이블에 모여 식사를 하는 것만큼은 절대로 지키고 있어." 리나토의 가족은 세속파이기 때문에 규율에는 그다지 엄격하지 않은 것 같았다. "그럼 보통의 패밀리 디너와 다른 점이 뭐야?"라고 조심스럽게 묻자, "그냥 편하게 모여서 먹는 패밀리 디너와는 조금 다르다고 할 수 있지. 그리고 우리 집에서는 종교와 문화는 별개의 문제야. 종교적인 의례에는 연연해하지 않지만, 가족들이 한자리에 모이는 것만큼은 중요하게 여기는 문화라고나 할까?"

닭 육수가 잘 우러나온 치킨수프. 닭 목에 붙은 살은 얼마 안 되지만 버리지 않고 꼼꼼히 뜯어 먹는다.

보통 때는 4인용 다이닝 테이블이지만, 매주 금요일이 되면 길이가 연장되어 10인용으로 변신. 리오가 말하기를 "이것이 이름하여 이스라엘의 샤바트 테이블!"

생각해 보니 리나토는, 내가 유대인의 '식'이라는 말을 사용할 때마다 얼굴을 약간 찌푸리는 것 같았다. 한 단어로 '유대인'이나 '이스라엘인'이라고 구분하기는 쉽지만, 그들의 백드라운드는 너무도 다양하다. 그 다양성을 무시한 채, 한마디로 단정지어 버렸던 것에 대해 미안한 마음이 들었다.

자기 자신과 자신의 가족이 살아온 역사를 어찌 부정할 수 있겠는가. 샤바트의 식탁에는 요리 하나하나를 통해서 가족의 역사와 아이덴티티가 교차되기도 하면서, 그 맥락이 이어져 오는 것이었다.

치킨수프

닭 목보다 구하기 쉬운 닭 뼈로. 천천히 시간을 들여 닭 뼈를 푹 고아 내면, 육수가 제대로 우러나와 활력이 살아날 것 같은 맛이 느껴져요.

재료(2인분)

닭 뼈	한 마리분
양파	1/2개
당근	1/2개
셀러리	1/2개
감자	1개
소금, 후추	약간

시간을 들여서 푹 고아 낼 것. 닭 뼈가 푹 익은 후에, 포크 등으로 뼈에 붙어 있는 살코기를 발라내 그릇에 담아내면 먹기 편해요.

만드는 방법

1. 닭 뼈는 흐르는 물에 씻어서 찌꺼기나 핏기를 제거해서 냄비에 넣는다.
2. 셀러리는 냄비에 들어가는 크기로 큼직하게 자른다. 당근은 껍질을 까서 3센티미터 두께로 둥글게 썰고, 양파와 감자는 껍질을 까서 1/4 크기로 썬다.
3. 감자 이외의 야채를 냄비에 넣고, 재료가 완전히 물에 잠길 정도의 물과, 소금을 조금 넣어 센 불로 가열한다.

4. 끓기 시작하면 약불이나 조금 약한 중간 불 정도로 줄여 거품을 걷어 낸 후, 약한 불에서 한 시간 정도 가열한다. 감자를 넣어 익을 때까지 30분 정도 같이 끓여 준다.
5. 소금, 후추로 간을 한 후, 그릇에 담아낸다.

되도록이면 고수를 생선이 보이지 않을 정도로 수북하게 넣어주세요. 열을 가하면 특유의 향도 부드러워지면서 전혀 다른 맛이 됩니다.

Moroccan Fish

모로칸피시

맛의 비결은 넉넉히 넣은 고수.
요리에 스파이시한 풍미가 더해져요. 꼭 듬뿍 넣어서 국물까지 다 드세요.

재료(2인분)

재료	분량
흰살 생선(명태, 농어 등)	2조각
빨간 파프리카	1/2개
당근	1/2개
마늘	1쪽
고수	1다발
A 파프리카 파우더	1작은술
A 소금	조금
A 올리브오일	30ml
A 물	60ml

만드는 방법

1. 마늘은 다지고, 파프리카와 당근은 둥글게 썬다. 고수는 씻어서 뿌리를 제거한다. 고수의 양이 많을 때는 자르지 말고 그대로 사용하며, 적을 때는3센티미터 길이로 자른다.
2. 프라이팬에 당근과 파프리카를 깐다. 그 위에 생선을 올린 후, 마늘을 뿌려 넣고, 맨 위에 고수를 수북하게 얹는다.

3. A를 섞어서 뿌린 후, 뚜껑을 덮어 중불로 가열한다.
4. 끓기 시작하면 약불~중불로 조절해, 도중에 스푼으로 국물을 떠서 위에서 뿌려 주고, 파프리카가 흐물흐물해질 때까지 20분 정도 끓인다.
5. 접시에 담고 국물을 위에서 붓는다.

드헤이샤

정전된 부엌에서 더 맛있어진 치킨 그릴

생각지도 않게 방문하게 된 팔레스타인

처음부터 팔레스타인에 가려고 한 것은 아니고, 이스라엘에 갈 계획이었다. 그런데, 일본의 친구에게 "혹시 이스라엘에 아는 사람 있어?" 하고 물었더니, 팔레스타인의 가정을 소개해 주었다. 팔레스타인에 대해서 아는 것이라고는 뉴스에서 듣는 '난민'의 지역이라는 정도. 하지만 이번에 방문해 보니, 인정 많은 사람들과 맛있는 음식이 넘쳐나는 근사한 곳이었다. 이번 여행에서 여러 가정을 방문했지만, 특별히 기억에 남는 요리는 난민캠프의 부엌에서 만든 치킨 그릴이다.

팔레스타인이라는 지역은 나라인 것 같아도 완전히 나라는 아니다. 국제적으로는 세계의 반 이상의 나라가 팔레스타인을 국가로 승인하고 있지만, 일본을 포함한 여러 나라에서는 국가승인을 하고 있지 않다. 팔레스타인과 이스라엘은 높은 '분리 장벽'으로 나뉘어, 외국인은 예외지만, 팔레스타인과 이스라엘의 주민들은 서로가 자유로이 왕래할 수 없다. 내가 이스라엘에 갔었다고 하면, "그쪽 사람들은 어떻게 지내?", "모스크는 여기와 달라?"라며 호기심 가득한 눈빛으로 물어 온다. 나한테는 언제나 갈 수 있는 바로 옆 동네가 그들에게는 '섣불리 갈 수 없는 이질적인 세상'인 것이다.

아흐마드라는 청년은 요르단강 서안 지구 안에 있는 열아홉개의 난민 캠프

어두컴컴하고 물과 전기가 없는 부엌이라도 맛있는 요리가 만들어질 수 있음을 깨달았다.

중 한 곳인 드헤이샤 캠프에 살고 있다. "캠프 안에는 주소가 없거든."이라며 캠프 입구까지 나를 마중 나와 주었다. 아흐마드와는 에어비앤비Airbnb(민박 중개 서비스)를 통해서 만났다. 이스라엘 가정에서 머무르고 있을 때, 팔레스타인에서도 에어비앤비를 사용하고 있는지 흥미 본위로 검색해 봤다. 난민 캠프의 주민 중에 여행객을 받고 있다는 사람의 정보가 눈에 띄었고, 반가운 마음에 연락을 했다.

캠프라고 해서 텐트나 막사가 즐비한 황야를 상상했지만, 빵가게도 있고, 그 옆에는 케밥을 파는 가게가 있으며, 맛집은 사람들로 붐비고 있었다. 평범한 동네와 별다름 없는 거리 풍경에 내심 놀라면서도, "막사가 아니네."라고 말하면 실례될 것 같아 아무렇지도 않은 얼굴을 하자, "보통 동네와 비슷해서 놀랐지?"라며 내 속마음을 꿰뚫어 보듯 말한다. 드헤이샤 캠프가 생긴 것은 1949년. 처음에는 임시 거처로 생각했던 사람들도 70년이라는 세월 동안 아이를 낳고 가정을 꾸리는 등, 이 땅에서의 생활 기반을 다져 온 것이다. 동네를 걷다 보면 건물의 벽

여기저기에 사람들의 얼굴이 그려져 있는 것을 발견할 수 있다. 이스라엘군 공격에 의한 희생자들이다. 일상적으로 되풀이되는 습격으로 인해, '어느 집의 대문을 두드려 봐도 희생자나, 포로로 잡혔던 사람, 또는 장애인이 있다'고 한다. 이 캠프는 특히나 이스라엘군과의 충돌이 잦은 지역이다. 초상화가 거칠게 그려져 있는 벽을 한동안 물끄러미 바라보고 있는데, 근처에서 놀고 있던 여자 아이가 뛰어와 도화지를 건네준다. 그러고는 가지고 있던 스마트폰으로 같이 사진을 찍자고 한다. 아이고, 귀엽기도 해라. 어두웠던 마음이 순식간에 사라진다.

(위) 벽에 그려진 희생자의 얼굴. 계단 위에는 여자아이 둘이서 그림을 그리고 있다.
(아래) "사진 같이 찍어요!" 이 여자아이도 캠프의 주민이다.

갑자기 컴컴해진 부엌

아흐마드의 집에 도착했다. 에어컨의 더운 바람을 쐬 가며 물끄러미 텔레비전을 보고 있던 아흐마드의 어머니 사메하의 모습이 보였다. 나를 위해 준비해 준 방은 스토브로 따끈따끈하게 데워져 있었다. 전기료가 걱정돼 허둥지둥 스토브를 끄려고 하자, "캠프 안에서 전기세는 무료니까 개의치 마."라며 미소짓는다. "배고프지 않아?"라며 내어준 빵은 오늘 아침에 직접 구운 것으로 아직 부드러웠다.

이날 점심으로 먹은 메뉴는 '시니엣 다자지 오 바타타siniyet djaj o batata. 아랍어를 번역하면 시니엣은 쟁반, 다자지는 닭고기, 바타타는 감자. 즉, '닭과 감자의 쟁반 그릴'이다. 시니엣은 중동 지역에서 널리 쓰이는 조리 기구로, 원형의 움푹 팬 금속의 쟁반이다. 같은 이름의 도구가 수단에서는 식사를 올려놓는 밥상처럼 쓰였지만, 여기에서는 조리 도구다. 크기는 다양하지만, 대개 직경 30센티미터 정도로 좀 큼직한 케이크 틀과 비슷했다.

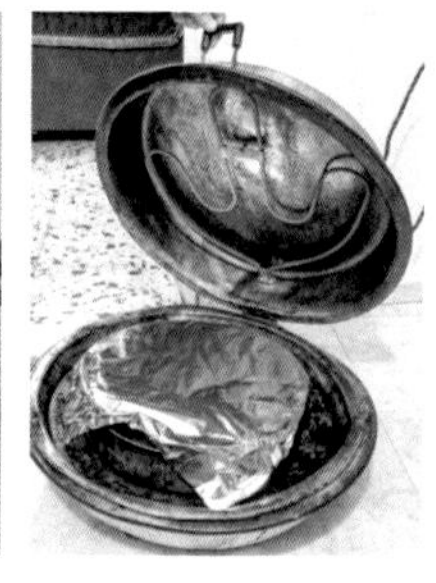

(왼쪽) 오늘 아침에 구운 빵도 전기 시니엣으로 구웠다고 한다.
(오른쪽) 오래전부터 사용되어 왔던 심플한 조리 기구가 점차 모던한 전기식으로 변모해 가는 과정이 흥미롭다.

시니엣을 그대로 불 위에 올려 조리하거나, 오븐에 직접 넣어 조리할 수 있어 편리하지만, 내가 생각하는 최대의 장점은 '많은 양을 한꺼번에 조리할 수 있다'는 점이다. 이 지역은 특히나 대가족이 많다. 이 집의 시니엣은 콘센트를 직접 꽂아서 사용하는 식으로 한층 더 편리했다. 닭을 레몬즙으로 잘 닦아 내고, 감자를 썰어서 닭고기와 같이 스파이스로 버무려서, 콘센트를 꽂기만 하면 그릴이 시작된다. 이것저것 생각하기 귀찮을 때 만드는 요리라고 한다. 익숙해서인지 빨리 끝내고 싶어서인지 사메하의 손놀림이 굉장히 빨랐다.

그대로 한 시간 동안 방치하면 요리가 완성된다. 사메하는 스위치를 누르자마자 소파에 몸을 묻었다. 감기 기운이 있어 몸을 움직이는 게 쉽지가 않은 것 같았다.

30분 정도 지났을 때쯤, 갑자기 전기가 꺼졌다.

"앗! 정전이다. 오늘도 또 이러네."

아흐마드는 이런 상황에 익숙한 듯 차분했다. 이스라엘이 팔레스타인으로의 전력 공급을 종종 멈춘다고 한다. 팔레스타인이 이스라엘에 지불해야 하는, 전력회사 간의 미청산액이 남아 있어서 전기료를 지불하지 않는 난민 캠프가 우선적으로 단절의 대상이 된다는 것이다.

방의 전기불은 손전등을 켜면 되지만, 도중에 멈추어 버린 전기솥은 어찌해야 하는지?

"아흐마드, 전기는 언제 들어와?"

"글쎄, 그건 나도 모르지. 10분으로 끝날 때도 있고, 다섯 시간 계속될 때도 있으니까."

나도 정전에는 익숙했었고, 매번 동요되는 건 아니지만, 요리를 망칠까 봐 불안해졌다. 30분 정도가 지났는데도 전기는 들어오지 않았다. 아흐마드는 어이없어하면서도 별것 아닌 듯한 얼굴로, 아직 덜 익은 닭이 안에 들어 있는 시니엣을 가스레인지에 옮겼다. 왜 난 그 생각을 못 한 거지! 전기 시니엣을 포기하고 가스레인지에서 완성시키는 작전이다.

텔레비전, 에어컨, 전기 시니엣. 거실에서도 부엌에서도 전기를 무료로 사용할 수 있어서, 의외로 편리하고 쾌적하다. 단, 정전이 되기 전까지만.

레몬즙으로 고기를 씻으면 위생적이면서도 풍미를 살릴 수 있다고 한다. 중동 지역에서 자주 이용되는 테크닉.

문득 시선을 싱크대로 향하니, 설거지거리가 산처럼 쌓여 있었다.

"여기에서는 물 공급도 문제거든. 물이 나오는 건3~4주에 딱 한 번, 그것도 여덟 시간뿐이야. 그 시간 안에 옥상의 탱크에 물을 받아 두는데, 지금은 그 탱크마저도 텅텅 비어 있어…. 내일쯤 되면 물이 나올지도 몰라. 그러면 좋으련만." 전기뿐만 아니라 물도 이스라엘으로부터의 제약을 받고 있다고 했다. 물도 전기도 안정적으로 공급되지 않는 부엌에서, 그래도 매일 요리를 한다. 안 먹고 살 수는 없는 노릇이니까.

덜 익었던 치킨이 먹음직스러운 치킨으로

이러쿵저러쿵하는 동안에 치킨이 다 구워졌다. 사메하가 소파에서 일어나고, 맛있는 냄새에 저절로 이끌려 여동생도 부엌에 들어와서, 사이가 좋은 형제는 서로 낄낄거리며 장난을 친다. 어둡기만 했던 부엌이 왠지 밝아져 오는 느낌이다. 점심 식사 준비가 다 끝난 시간은 19시를 지나서였다. 보통 때보다 두 시간 정도 늦어졌다. 손전등 불빛 아래에서 한입 물어뜯어 보니, 치킨은 놀라울 정도

어둠 속에서 먹는 치킨. 상상도 못 할 만큼 부드럽고 맛있었다.

로 부드러웠고, 감자도 으깨질 정도로 잘 익었다. "자키(아랍어로 '맛있다'는 뜻)!"라고 큰 소리로 외치고 말았다. 도중에 가열을 멈춘 덕분에, 생각지도 않게 뜸을 들인 결과 때문인가? 아흐마드도 꽤 만족스러운 듯했다.

손전등 불빛 속에서 아흐마드가 자신의 생각을 들려준다. "난민 캠프에서의 생활은 결코 녹록하지 않아. 하지만 생각했던 거보다 절망적이거나 최악이지도 않지? 우리들은 그저 불쌍하기만 한 난민들이 아니야. 캠프 안에서의 주민들은 서로가 서로를 가족같이 따뜻하게 대하면서 생활하고 있어. 그러한 우리들의 삶에 대해 조금이라도 알리고 싶어서 에어비앤비를 시작하게 됐어. 어머니는 항상 무클루바 등의 팔레스타인 요리를 만드시는데, 우리 집에서 어머니의 요리를 먹어 본 사람은 모두가 팔레스타인에 대한 이미지가 바뀌었다고 말하며 돌아가곤 해." 그의 에어비앤비는 국제 메디아의 주목을 끌어 기사화되기도 했다. 개인의 힘으로는 어쩔 수 없는 문제로 정전이 되고, 치킨은 자칫하면 덜 익어서 못 먹을 뻔 했지만, 거기에서 끝나지 않고 다른 방법을 찾음으로써, 최종적으로는 더욱 맛있는 요리가 탄생하는 결과를 만들어 냈다. 이 얼마나 능동적이고 힘있는 삶인가?

World recipes

팔레스타인

siniyet djaj o batata

시니엣·다자지·오·바타타

재료를 썰고, 스파이스를 뿌려서 버무린 후,
오븐에 넣기만 하면 끝.
심플한 재료가 스파이스의 색과 향으로
한층 고급스럽게 완성됩니다.

재료(2인분)

닭 다리 부위		1枚(250g)
감자		2개
마늘		2쪽
A	올리브오일	1큰술
	파프리카파우더	1작은술
	오레가노(드라이)	1작은술
	커민파우더	1작은술
	소금, 후추	적당량

다자지는 닭고기, 바타타는 감자. 닭고기와 감자의 시니엣 구이라는 요리입니다. 스파이스는 자유롭게 조절 가능하며, 현지에서는 케이준 시즈닝Cajun seasoning을 사용하기도 해요.

만드는 방법

1. 오븐을 220℃로 예열한다.
2. 감자는 껍질을 까서 큼직하게 반달 모양으로 썬다. 닭고기는 먹기 좋은 크기로 자르고, 마늘은 반쪽으로 나눈다.

3 그라탕 용기나 캐서롤casserole 등의 내열 용기에 재료를 모두 넣고, A를 뿌려 손으로 버무린다.

4 220℃의 오븐으로 30~40분 굽는다. 탈 것 같을 때쯤 쿠킹 호일을 덮어 씌운 후, 닭고기가 완전히 익고 감자가 부드러워지면 완성.

금요일의 대 이벤트, 홀랑 뒤집어 주는 게 포인트인 무클루바Maqluba

화사하게 나타난 멋진 여성과의 만남

팔레스타인은 주변국으로부터 '요리가 맛있는 나라(지역)'라는 인식이 보편화돼 있다고 한다. 나와 만난 이스라엘인은 팔레스타인과는 정치적으로는 복잡한 감정을 갖고 있지만, "요리는 팔레스타인 지방 쪽이 맛있지. 기후도 좋은 데다가 교역의 역사도 유구하니까."라며 무언가 좀 안타까운 듯한 표정을 드러냈다.

라말라Ramallah라고 하는 도시의 KFC 앞에서 친구가 연결시켜 준 네이빈과 만나기로 했다. 이스라엘에서 팔레스타인으로 들어가려면, 체크포인트(이스라엘에 의한 검문소)를 통과하지 않으면 안 된다. 나와 같은 외국인은 여권 체크만으로도 통과할 수 있지만, 엄중한 경비와 여기저기에 세워진 새빨간 경고 안내문은 역시나 사람을 긴장하게 했다. 양 지역 사이에는 이스라엘에 의한 분리 장벽이 높고 위압적으로 세워져 있었다.

사전에 주고받았던 왓츠앱에서의 채팅으로 미루어 보아, 영어가 유창한 여성이라고 생각했다. "혹시 미사토?"라며 차를 타고 나타난 그녀는 갈색 눈동자의 아름다운 여성으로, 역시나 미국 악센트의 자연스러운 영어를 구사했다. 또한, 이슬람권임에도 불구하고 스카프로 머리를 싸지 않았다. '혹시 팔레스타인 사람이 아닌가'라고 생각하고 있는데, "미국에서의 생활이 길어서. 자세한 이야기는

부엌의 창으로 올리브밭이 바라다보인다. 부엌에서 쓰이는 올리브오일은 전부 홈 메이드.

나중에 할게. 일단 집으로 가자!"라는 말에 그녀의 차를 타고 집으로 향했다.

네이빈의 집은 4층 건물의 저택으로, 차고의 문이 자동으로 열리는 바람에 깜짝 놀랐다. "어서 와, 기다리고 있었어!" 70세 가까이 된 네이빈의 어머니 디나가 미국식 발음과 악센트의 영어로 나를 반겨 준다. 이 가족은 네이빈과 부모님, 남동생과 여동생, 그리고 여동생의 두 아들(네이빈의 조카), 이렇게 모두 일곱 명이 같이 산다. 네이빈의 오빠는 두바이에서 일을 해서 일가에 송금을 하고 있다고 했다. 조카들이 휘핑크림을 미니카 트럭의 뒤에 붓고 놀다가 혼나고 있던 중이었다. "이것 봐, 웃기지!"라며 나에게 거리낌 없이 말을 걸어 왔다.

"우리 가족은 미국에서 오래 살았어."라는 어머니 디나. 네이빈이 열 살 때 미국으로 건너가 10년 정도 지난 후, 다시 팔레스타인으로 돌아왔다고 한다. "1948년 전쟁이 시작되기 전부터 부모님은 이곳에서 사셨어. 그렇기 때문에 우리 가족은 난민이라고 할 수 없어."라고 네이빈이 말한 후, "미국에서의 생활은 나쁘지 않았다오. 자유도 부도 누릴 수 있었단 말이지. 하지만 다시 돌아오려고 결정 한 것은 아이들에게 뿌리를 찾아 주고 싶어서였다오."라며 현재 팔레스타인에서 생활하고 있는 이유를 아버지가 설명해 주셨다. 정원에는 올리브나무가 무성했고, 매년 올리브오일과 올리브절임을 직접 만든다고 했다. 올리브나무는 '팔레스타인의 아이덴티티' 그 자체인 것이라고도 했다.

라말라의 거리에는 이슬람교도의 여성들의 걷는 모습이 보이고, 스파이스의 향이 난다. 예루살렘에서 20킬로미터밖에 떨어지지 않았지만, 사뭇 분위기가 다르다.

가족 간에 자연스럽게 협력해서 만드는 점심 식사

이날은 이슬람교의 휴일인 금요일. 이곳에서는 저녁이 아니라 점심이 메인 식사이며, 금요일의 점심은 가족들이 모이는 소중한 시간이다. 모두가 모이는 금요일에 먹는 요리라며 디나가 만들기 시작한 것은, '무클루바'라는 요리다. 튀긴 야채와 닭고기, 쌀을 층층이 쌓아서 취사를 한 후에 홀랑 뒤집어서 플레이팅 하는 팔레스타인의 대표적인 요리다.

디나는 치킨을 꺼내서 흐르는 물에 씻은 후 레몬즙을 뿌려가면서 꼼꼼히 닦아 냈다. 그다음은 닭고기를 양파와 같이 볶아서 스파이스로 맛을 조절하는데, "스파이스의 배합은 네가 해."라며 네이빈의 동생 가딜에게 바통을 넘긴다. 가딜은 "엄마는 내가 하는 게 더 맛있다고 항상 나한테 하라고 하시거든."이라며 스파이스가 보관된 선반을 열었다.

맛의 조절은 가딜이 담당. 스파이스의 양은 좀 많이 넣은 것 같은 양이 딱 좋다.

냄비에 뿌려 넣은 것은 무클루바 믹스라고 하는 것으로, 카레가루처럼 여러 가지 스파이스가 조합된 분말로, 이 믹스 하나만 있으면 충분히 맛을 낼 수 있다. 하지만 몇 개의 스파이스를 추가로 더 넣어 맛을 미조절을 하는데, 시나몬과 카

부엌에서 나오면 아름답고 호화스런 연회장. 너무 넓어서 소년을 잡으려면 땀을 꽤나 흘려야 할 지경이다.

다멈cardamom 같은 제과용 스파이스까지도 넣었다. 본래는 믹스만 써도 되는데, 일부러 많은 종류의 스파이스를 추가로 사용하는 것은, 카레를 만들 때 숨은 비법을 사용하는 것 같기도 해서 흥미롭다.

맛을 보고, 고개를 갸우뚱하더니 마끼* 부용을 휙 하고 뿌려 넣었다. 치킨이 익는 동안, 옆에서 콜리플라워, 당근, 감자를 튀김 옷 없이 튀겨 낸다. "저도 해 볼게요."라며 교대를 요구하자, "그럼 조금만 부탁해. 기도 시간이 다 돼서 잠깐 다녀와야겠어."라며 디나가 옆방으로 사라진다.

야채를 다 튀겼는데도 디나가 오지 않아서, 아이들과 놀고 있다가 어느새 술래잡기 놀이를 하게 됐다. 아이들을 잡으러 부엌 밖으로 나오자, 거기는 유럽 궁전처럼 장식된 아름답고 웅장한 대연회장. '아니 이렇게나 멋진 공간이 바로 옆에 있었다니….' 혼자 놀라움을 삼킨 채 부엌으로 돌아와 보니, 디나가 기도를 끝내고 와 있었다.

크고 고급스러운 전기밥솥에, 튀긴 야채, 닭, 쌀을 겹겹이 얹고 물을 부어 열을 가한다. 과연 어떤 밥이 지어질지 기대된다. 아이들이 옆 테이블에서 놀고 있었다. 야채를 깍둑썰기할 때 쓰이는 슬라이서를 네이빈이 꺼내자, "내가 할래!"라며 아이들이 다가온다. 슬라이서는 커다란 채칼처럼 생긴 도구로, 야채를 네모난 칼날 위에 놓고 뚜껑을 덮은 후 두드리면 용기 밑부분에 커트된 야채가 떨어

* 마끼Maggi: 스위스의 식품 회사 네슬레Nestle가 1947년부터 판매하고 있는 인스턴트 라면과 조리료의 브랜드.

샐러드용 야채의 커트 작업은 아이들이 좋아하는 가사. 아이들에게는 어디까지나 단순히 놀이나 다름없다.

져 나온다. "아이들이 이 슬라이서를 무척 좋아해."라며 네이빈이 웃어 보인다. 조카를 씽크대 위에 앉히고, 토마토나 오이를 얇게 썰어서 슬라이서 위에 올려주면, 뚱땅뚱땅하고 소년은 신이 나서 두드렸다. 커트된 야채는 소금과 레몬즙만으로 산뜻하게 맛을 냈다. 밥솥에서 맛있는 냄새가 솔솔 풍겨 나와 공복감이 절정에 달했을 무렵, 드디어 취사 완료. 타이밍을 노리고 있었던 것처럼 아버지가 부엌에 들어 오셨다. 아버지는 무거운 밥솥을 테이블에 운반하는 중대한 임무를 담당한다.

시간은 14시. 낮잠을 자고 이제 막 일어난 동생도 방에서 나와, 연회장의 큰 테이블에 다 같이 둘러앉았다. 테이블 위에 뒤집어 놓은 밥솥을 오픈하는 것이 이 요리의 하이라이트라고 한다. 디나가 밥솥과 큰 접시 사이에 스푼을 꽂아 살짝 들어 올린 후, 가딜이 밥솥 전체를 오픈했다. "와!" 학수고대한 듯이 아이들의 함성이 터지고 네이빈은 "굿 잡!"이라며 어머니를 칭찬했다. 스파이스의 향이 일제히 퍼지면서, 식욕을 자극하는 황금빛 밥 위에서 여러 가지 재료들이 얼굴을 내밀고 있다. 내 입에서도 "와!" 하는 소리가 절로 나온다.

기름에 튀긴 콜리플라워를 넣어서 밥을 지었을 때의 그 식감이 상상이 될까? 부드럽고 쫀득했다. 시나몬의 달콤한 풍미와 여러 종류의 스파이시한 맛이 서로 잘 어울려 숟가락이 멈춰지질 않는다. "쫀득한 콜리플라워, 너 왜 이렇게 맛있는 거니!"라고 외치자, "그치, 맛있지? 더 먹어."라며 디나가 한 그릇을 더 퍼준다. 맛이 진한 편이어서 아이들이 만든 산뜻한 샐러드와도 찰떡궁합이었다.

(오른쪽) 가족들이 둘러앉아 먹는 무클루바. (왼쪽) 양이 많아서 다음 날에도 먹어야 하는데, 남은 음식이라는 취급이 아니라, "내일은 요리하지 않고도 편하게 맛있는 음식을 먹을 수 있겠네."라고 한다.

모두가 연이어 한 그릇씩 더 먹어도, 산 같은 무쿨루바의 양은 좀처럼 줄지 않았다. "좀 작은 밥솥에다가 만드는 경우는 없나요?"라고 묻자, "이게 제일 작은 사이즈야."라고 디나가 답한다. "모두가 모일 때 만드는 음식이기 때문에, 나와 남편이 먹을 2인분만 만들면 전혀 즐겁지가 않아." 배가 터지도록 먹고, 마음껏 수다 떠는 금요일의 런치가 이번 주도 이렇게 지나고 있었다.

확실히, 디나가 말한 것처럼 2인분의 무클루바는 어딘가 좀 어색하다. 잘게 썰어 놓은 에호마키*처럼 왠지 기분이 고조되지 않을 것 같다. 어머니의 총지휘와 가딜의 스파이스 배합, 네이빈과 소년들의 통탕통탕 경쾌한 샐러드, 아버지의 밥솥 운반. 누가 일일이 정해 주지 않아도 가족 모두가 자연스럽게 협력해서 대형 밥솥의 무클루바가 완성되는 걸 보니, 가족들만이 통하는 언어로 서로 커뮤니케이션을 하고 있는 듯했다. 식탁에서의 큰 함성에는, 각자가 수행한 역할에 대한 달성감이 깃들여 있었는지도 모르겠다. 금요일에 만드는 무클루바는 은연중에 가족들의 정을 돈독히 하고 있었다.

그러고 보니 이날은 1월1일. 이슬람교의 지역이고, 특별한 이벤트도 없었는데, 1년을 시작하는 첫 끼니가 이동 중의 샌드위치가 아니라, 대가족들과 함께 먹는 무클루바라는 사실에 감사할 따름이다.

---

* **에호마키**恵方巻 : 절분(2월 4일경)에 먹는 음식으로, 주로 해산물과 오이, 달걀 등이 들어간 컬러풀하고 호화스러운 일본의 해산물 김밥이다. 꽤 두툼한 편인데, 썰지 않고 대담하게 그대로 먹는게 이 음식의 특징이다.

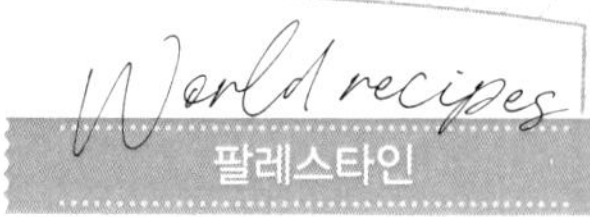

Maqluba

무클루바

큰 밥솥의 흥분을 전기 밥솥으로 간편하게.
훌랑 뒤집는 순간과 모락모락 올라오는 스파이스의 향기를 즐겨 보세요.

재료(4인분)

- 닭 다리 살 ········· 200g
- 양파(깍뚝썰기 ········· 1/2 개
- 마늘(저민 것) ········· 2쪽
- A
  - 시나몬 ········· 2 작은술
  - 올스파이스* ········· 2작은술
  - 커민파우더 ········· 2작은술
  - 소금, 후추 ········· 적당량
- 고형부용(큐브) ········· 1개
- 콜리플라워 ········· 1/2개
- 감자 ········· 1개
- 당근(작은 사이즈) ········· 1개
- 쌀 ········· 300g
- 튀김용 기름 ········· 적량

맛에 결정적인 역할을 하는 스파이스로 시나몬을 사용합니다. 현지에서 시판 중인 무클루바 믹스에는, 위의 스파이스 이외에도 강황과 카다멈 등이 들어 있어요.

만드는 방법

1. 쌀을 30분에서 1시간 정도 물에 불린다.
2. 재료들을 큼직하게 써는데, 콜리플라워는 크게 한입 크기로, 감자와 당근은 5밀리미터 두께로, 닭고기는40그램 정도로 자른다.
3. 냄비에 기름을 두르고, 닭고기, 양파, 마늘, A를 넣고 볶아 준다.
4. 볶다가 양파가 익어서 투명해지면, 물300 밀리리터와 고형부용을 넣고 약불에서 20분 정도 끓인다.
5. 야채를 튀김 옷을 입히지 않은 채로 기름에 튀기는데, 콜리플라워는 노릇노릇한 색깔로 변할 때까지, 당근과 감자는 가볍게 색이 변할 정도로.

   ※ 야채를 튀길 때는 물기를 완전히 제거해 주세요. 특히 콜리플라워 안에 수분기가 남아 있으면 위험해요.
6. 밥솥 밑에, 4에서 꺼낸 닭고기와 튀긴 야채를 되도록 빈틈없이 골고루 깔아 준다.
7. 그 위에 물기를 잘 뺀 쌀을 넣는다.
8. 4의 국물을 채에 걸른후, 물을 더해300밀리리터로 만들어 밥솥에 붓고 취사버튼을 눌러 밥을 짓는다.
9. 밥이 다 되면 큰 접시를 덮어서 휙하고 밥솥을 뒤집어 준다!

* 올스파이스allspice: 스파이스믹스를 연상케 하는 이름이지만 단품 스파이스. 백미후추, 또는 피멘토pimento라고도 칭한다. 시나몬, 정향, 육두구(넛맥)의 향기를 모두 가지고 있다.

가족들을 집합시키는 작전은 소와 염소의 뇌 요리

'귀여운 천사들'의 환영

만나기로 한 장소는 팔레스타인의 중심도시 라말라의 버스 정류장이었다. 팔레스타인은 오늘, 곧 눈으로 변할 것만 같은 차가운 비가 내리고 있다. 기다리는 동안 손가락이 꽁꽁 얼어붙어 그대로 굳어 버릴 것만 같다. 중동이라고는 하지만 12월의 날씨는 동경과 비슷할 정도 (평균 기온 8도)로 제법 쌀쌀하다.

아, 춥고 외로워라. 게다가 왠지 불안하기까지 한걸. 대략 한 시간 정도 기다리고 있을 때, 나를 마중 나온 그녀의 웃는 얼굴은 마치 미소 짓는 천사처럼 느껴졌다. 이름은 나우라스. JICA(국제 협력기구)관련 일을 하고 있으며, 그쪽 분야의 지인이 소개해 주었다. 뛰어오르듯 차에 올라탔더니, 세 자매의 작은 천사들이 "곤니치와!"라며 연습해 둔 일본어로 나를 반겨 준다. 운전석에는 나우라스의 남편이 온화하게 미소 짓고 있다.

"차 안이 좁아서 미안해! 우리 집은 여기서 차로 20분 정도 가야 하는 언덕 위에 있는데, 지금은 우리와 같이 시아버지 댁에 가야 할 것 같아!" 나우라스가 앞좌석에서 뒤를 돌아다보며 이야기한다. "시아버지 댁에 일가친척이 다 모이거든. 좀 특이한 점심 식사여서 망설였는데, 그래도 미사토를 초대하고 싶어." 오늘은 금요일, 이슬람교의 휴일로 가족과 친척들이 모이는 '페밀리 데이'다.

이 테이블이 놓인 곳은 집의 복도. 방에는 다 들어가지 못할 정도의 일가친척들이 맛있는 음식을 먹기 위해 모였다.

"소와 염소의 뇌를 먹게 될 거야! 먹어 본 적 있어? 아주 맛있거든."

오래전부터 흥미가 있었던 요리다. 내가 잘못 들은 건가? 대학생 시절 같은 연구실에 있었던 서아시아 출신의 유학생에게 소와 염소의 뇌를 먹는 문화가 있다는 이야기를 들은 적이 있었다. 일본에서는 도무지 접해 볼 수 없는 요리이니, 어떤 맛과 풍습인지 꽤나 궁금했다. 특히나 이야기를 해 준 친구들이 그 요리에 대한 추억을 너무나도 즐겁게 회상했었기 때문에 더욱이 그러했다.

하지만 평범하지 않고 특별한 별미이기 때문에 세계의 부엌을 돌아다녀 봐도 좀처럼 만날 수 없었다. 레스토랑에서 맛 볼 수 있는 요리도 아니었다. "나우라스, 정말이야? 그거 전부터 정말 먹어 보고 싶었거든!" 생각지도 못하게 이런 곳에서 먹어 보게 될 줄이야. 얼어붙었던 몸이 갑자기 뜨거워질 정도로 흥분하고 말았다. 그러한 나의 반응에 놀라면서도 나우라스는 "권하길 잘했다!"라며 기뻐해 주었다.

석양을 바라다본다. 맑고 차가운 공기에 기분이 상쾌하다.

왼쪽 앞이 다와리, 오른쪽 앞이 무삭칸. 머리 이외에도 진수성찬이 준비되어 있었다.

차에서 내리자, 빽빽한 건물들 사이를 가로지르듯 나 있는 좁고 구불구불한 길이 하나 보인다. 난민 캠프의 일각이다. "남편이 이곳 출신이야. 우리도 결혼해서 여기서 같이 살았었거든. 지금은 캠프 밖으로 이사했지만." 식품이나 생활잡화등을 판매하는 작은 상점이 하나 보이고, 그곳의 2층이 시아버님이 사시는 집이라고 한다.

기다리고 기다렸던 소와 염소의 뇌 요리

"안녕하세요!" 문을 열자, 식사를 위한 준비가 벌써 시작되고 있었다. 공간이 좁아서 테이블은 복도에 나와 있었고, 그 위에 신문지가 쫙 깔려 있는 걸 보니, 테이블을 맘껏 더럽힐 준비가 완료된 듯했다. 테이블 주위에 체격이 큰 남자들이 빽빽히 둘러앉아 있고, 그 사이를 아이들이 간신히 파고들며 뛰어다니고 있었다.

아이들을 따라서 부엌에 들어가 보니, 여자들이 분주하게 요리의 마지막 단계를 마무리하고 있다. "이건 다와리Dawali. 포도잎으로 고기와 쌀을 싸서 만드는 롤캬베츠와 비슷한 요리.", "그리고 이것은 크레이프의 반죽으로 닭을 싸서 만드는 무삭칸Musakhan이라는 요리…." 맛깔스러운 요리들이 푸짐했다. "소와 염소 머리는?"이라고 묻자 "이쪽이야, 이쪽. 오븐에서 꺼내서 지금 식히고 있는 중이야. 어제 씻어서 삶아 놓은 것을, 오늘 아침에 오븐에서 구웠어. 기름기가 많아서 몸이 따뜻해질 거야." 꽤 많은 머리가 놓인 무거워 보이는 그릴 판을 여러 명의 남자들이 같이 들고 나갔다.

부엌에서 이야기꽃을 피우고 있는데, "미사토 이쪽으로 와 봐!"라며 남자들이 앉아 있는 테이블 쪽에서 나를 호출한다. 남자팀은 벌써부터 팔까지 걷어붙이고 먹기 시작했다. 누가 누구인지 알아보기도 힘들 정도로 많은 사람들이 앉아 있었지만, 제일 깊숙한 자리에서, 제일 행복한 얼굴을 하고 있는 사람이 나우라스의 시아버지임이 틀림없어 보였다.

나우라스와 아이들도 요리를 돕는다. 오랜만에 만난 여자들은 요리뿐만 아니라 이야기꽃을 피우기에도 바쁘다

산처럼 쌓인 머리를 손으로 먹는데, 기름기와 젤라틴으로 손이 금방 미끌미끌해져 버렸다. 그러나 그런 것쯤은 상관없이 일단 정신없이 먹었다.

"혀도 끝내주게 맛있어. 이것 좀 먹어 봐!"라며 일부러 좋은 쪽을 골라 내 쪽에 놔 준다. "꼬들꼬들한 게 맛있네." 우설을 통째로 먹어 보는 건 첫 경험이었다. "제일 맛있는 건 뇌! 소 보다도 염소가 더 맛있어."라며 게를 먹을 때 쓰는 것 같은 가느다란 도구로 밖으로 꺼내어, 그 귀중한 부위를 내 접시에 올려 준다. 부드럽고 하얀 것이 꼭 대구 이리와 비슷했다. 두근두근한 마음으로 한입 먹어 보니, 야들야들하고 고소한 것이 입에서 살살 녹았다. 거의 말없이 필사적으로 한 시간 정도를 먹어 댔다. 배가 빵빵하게 채워지자, 다들 자기 배를 쓰다듬으며 서로 마주 보고 웃는다. 그리고 테이블 위에서 음식의 자취는 어이없을 정도로 순식간에 사라져 버렸다.

가족과 친지들을 집합시키는 비장의 무기

하지만 이것으로 모두 해산하지는 않았다. 여기서부터가 메인 이벤트인 것처럼 그 이후가 꽤나 길었다.

"미사토, 손 씻고 이쪽으로 와 봐!"

거실로 이동해서 다음은 디저트 타임.

"코코넛 과자 만들어 왔어."

의외로 맛있는 머리 요리

'뭐라고 머리를 먹는다고…?' 라며 조금 놀란 분도 계실지 모르겠다. 나도 처음 들었을 때는 머리를 먹는다고 하는 그로테스크한 느낌에 당황스러웠었지만, 조금만 생각해 보면 일본에서도 경사스러운 날에는 머리와 꼬리가 달린 도미 한 마리를 먹기도 하고, 연어의 머리를 얇게 썬 히즈나마스는 꼬득꼬득한 식감이 별미다. 한 생명에 하나밖에 없는 것이기 때문에, 우리들은 감각적으로 특별히 귀중한 부위라고 여기는 걸까?

테이블에 가득한 디저트. 탄산 음료 스프라이트는 소화를 돕는다고 생각하는 것 같다.

"나는 푸딩을 준비해 왔지."

이번에는 여자들이 각자 가지고 온 디저트를 내 놓으면서 서로 먹어 보라고 권한다. 와일드한 식사에서, 달달한 디저트를 둘러싸고 도란도란 이야기를 나누는 여유로운 시간이 이어진다. 오랜만에 만난 형제들이 대화의 꽃을 피우기 시작했다.

아랍어이기 때문에 내용은 거의 알아듣지 못했지만, 즐거운 표정을 짓고 있는 사람들을 바라보고 있노라니 나 또한 편안한 기분이 들었다. 부엌 탐험 여행에서 내가 좋아하는 시간 중의 하나는 가족이나 친척들이 모여서 이야기 꽃을 피우는 시간을 같이 보낼 때다. 무슨 내용인지는 모르지만 그래도 상관없다.

비에 젖어서 신발을 벗고 맨발로 있었더니, 아까 먹는 방법을 가르쳐 주었던 아저씨가 "이쪽으로 와 봐."라며 스토브 옆 자리를 양보해 주었다. 아이들은 아직까지도 뛰어다니고 있다. 시아버지는 시끌벅적하게 즐거운 시간을 보내고 있는 가족들에게 둘러싸여 줄곧 행복한 얼굴로 싱글벙글이시다.

"오늘의 진수성찬은 시아버지의 비장의 무기인 셈이야."라고 집으로 돌아가는 길에 나우라스가 말해 주었다. "모두를 불러 모으고 싶으셔서 머리를 잔뜩 사오신 거야. 가까이 살아도 친척들이 다 같이 모이기란 쉽지 않으니 말이야. 게다가 아이들이 크니까 얼굴 보기가 더욱 힘들어지더라고. 소머리와 염소 머리는 꽤나 비싸고 귀한 음식이야. 팔레스타인에서 멀리 떨어져서 살던 사람들도 고향으로 돌아와서 특별히 리퀘스트할 정도로 말이야. 그래서 "머리 먹으러 오너라."라

직접 만들어서 가져온 푸딩케이크. 여자들이 "내가 만들었어!" 라며 시로 먹이 보라고 권한다.

고 말씀하시면 친척들이 모두 쏜살같이 몰려와."

염소 머리는 한 개에 6,000원, 소머리는 1만 5,000원 정도다. 오늘 먹은 머리는 꽤나 많은 양이었다. 팔레스타인의 평균 월수입이 10만~20만 원 정도인 걸 생각하면, 일가친척이 모두 배부르게 먹고도 남을 양을 구입하는 것은 꽤나 큰 지출임에 틀림없다. 하지만 그들에게 있어 중요한 것은 돈이 아닌, '친척들이 모이는 것'이다.

"시아버지는 누구에게도 맡기지 않고 당신이 직접 상점에 가서 제일 좋은 것을 세심하게 골라 오시거든. 모두에게 맛있는 것을 먹이고 싶으시대."

시아버지의 작전은 보란 듯이 성공했다. 가족이나 친척들과의 유대를 소중하게 생각하는 마음은 아마 누구든지 가지고 있을 것이다. 하지만, 만나고 싶어도 좀처럼 타이밍을 맞추기 어렵고, '바빠서', '아이들 땜에 시간이 나지 않아서' 등등으로 점점 소원해지기 십상이다. 그러나 "맛있는 음식이 마련되어 있으니까 오너라." 하고 말씀하시면 두말이 필요 없어진다. 모두들 단지 맛있는 음식이 먹고 싶었던 게 아니라, 어쩌면 만나서 같이 시간을 보내고 싶었는지도 모르겠다. 좀처럼 끝나지 않았던 긴 디저트 타임을 떠올려 보니 그런 생각이 들었다.

소중한 사람들을 집합시키는 비장의 무기는 '각별히 맛있는 음식'. 나도 꼭 기억해 두어야겠다.

거추장스러운 개인 접시와 예의가 따로 필요 없는 초대형 접시의 만사프

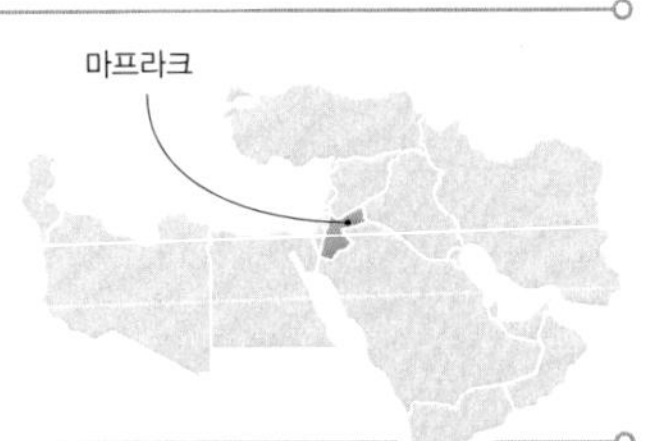

요르단인의 환대

고등학교 교과목의 지리 자료집을 보고 눈을 떼지 못한 사진이 있었다. 사람들이 바다에 둥둥 떠서 독서를 하고 있는 사해의 사진이다. 언젠가는 나도 꼭 한번 해 보고 싶다는 꿈을 꾸었었다. 하지만 사해가 요르단에 있다는 것은 전혀 기억하지 못하고, 이번 요르단 여행을 결정한 후에야 처음으로 깨달았다. 배낭에 수영복을 챙겨 넣고 비행기를 탔다.

요르단은 아라비아반도의 서북부 끝자락에 위치한 이슬람교 국가다. 사해에 사람들이 떠 있을 수 있는 것은 강우량의 적고 기후가 건조해서 증발에 의해 염분 농도가 높아지기 때문인데, 요르단이 딱 그러한 기후인 것이다. 나라 전체가 거의 사막 기후다. 도시는 물을 얻을 수 있는 서북부에 집중해 있으며, 남쪽은 사막의 유목민 베두인이 살고 있다고 한다.

이 근방의 나라들은, 예로부터 교역으로 사람들이 오가는 지방색 때문인지, 이슬람교의 영향 때문인지, 외지에서 온 사람들을 환대하는 마음이 상당히 두드러진다. 그중에서도 요르단은 '요르단의 환대정신Jordanian hospitality'이라는 말이 있을 정도로, 어디를 가든지, 누구를 만나든지 따뜻하게 대해 주었다.

수도 암만에서 북상해서 마프라크Mafraq라는 동네에 살고 있는 일가를 방문

빵 위에 밥도 그렇고, 소스를 뿌려서 손으로 버무려서 먹는 것도 그렇고, 첫 경험이 많은 요리였다.

했다. 시리아와의 국경 부근에 있는 작은 마을이다. 사이도 씨는 아파트 한 동을 소유해서 관리하는 일을 하고 있고, 그의 부인 마리아무씨는 항상 집에 있었다. 아들이 3명 있으며, 한 명은 대학생이고 나머지 두 명은 직업이 없었다. 그러한 까닭에 모두 집에 머무는 시간이 많았다. 마리아무를 사람들이 마마라고 부르고 있어서 나도 따라 마마라고 불렀다. 마마는 요리가 특기여서 아파트의 주민들에게 손수 요리를 만들어서 가져다주곤 했다.

마마는 감정 표현이 온화한 편인데, 요리를 가르쳐 달라고 부탁하자, "오늘은 뭘 만들지?", "저녁의 디저트는?", "내일은 어떤 요리로 할까?"라며 갑자기 들뜬 표정으로 분주해졌다. "마마가 평소에 자주 만드는 요리 중에서 만드는 것 자체를 즐길 수 있는 요리라면 좋겠네요!"라고 하자 만사프Mansaf로 결정됐다. 만사프는 요르단의 대표적인 요리로, 밥을 지을 때 여러 가지 재료를 넣어서 짓는다. 그 나라를 대표하는 요리는 대부분 경사스러운 날의 것들이 많기 때문에 만

번화가를 걷다가 고소한 빵 냄새가 나는 가게를 발견! 가게의 아저씨가 웃는 얼굴로 "이거 한번 먹어 보고 가." 라며 인심이 좋다.

사프도 특별한 날 먹는 요리일거라고 생각했는데, "일주일에 한 번은 만들어 먹어."라고 했다. 주말에 먹는 찌라시즈시* 와도 같은 음식인 듯하다.

만사프는 손을 쉬지 않고 만드는 요리

"자, 이쪽으로 와 봐!"라며 불려 들어간 부엌은 집 전체의 면적에 비하면 꽤 큰 편이다. 사용했던 조미료와 스파이스가 여기저기에서 얼굴을 내미는 찬장 안의 세계는 무한한 가능성을 내포하고 있었다. 쌀이 주 재료인 만사프는 요구르트 소스 만들기부터 시작한다. 요르단의 요구르트는 자미드Jameed라고 불리며, 돌처럼 딱딱한 것이 특징이다. 사막의 유목민 베두인이 탄생시킨 '가장 오래된 요구르트'라고 전해져 온다. 딱딱하게 건조돼 있으며 염분기가 강해서 그야말로 사막의 음식 그 자체라는 느낌이 들었다. 이것을 물에 담가서 녹인 후 믹서로 갈아서 사용하는데, 우리에게 익숙한 요구르트보다 맛이 짜고, 염소 특유의 독특한 향과, 치즈의 발효 향 같은 냄새도 나는 것이, 어딘지 모르게 묘한 중독성을 유발할 것 같았다.

닭을 씻어서 양파, 스파이스와 같이 볶는데, 사용하고 있는 스파이스의 종류에 대해 묻자, "만사프 믹스를 사용하는 게 포인트야."라고 한다. 요르단 슈퍼의 재미있는 점은 만사프 믹스나 무클루바 믹스 등, 그 요리 전용의 스파이스 믹스가 각종 판매되고 있다는 점이다. 스파이스 믹스를 구입할 수 없으면 일본에서도 만들 수 없기 때문에, "믹스에 어떤 스파이스들이 들어가는지 알려 줄래요?"라고 묻자, 마마는 다른 나라에 만사프 믹스가 없다는 것은 상상할 수도 없다는 듯, "그건 나도 모르지! 맛있는 만사프를 만들고 싶으면 꼭 만사프 믹스를 사는 걸 권

---

* **찌라시즈시**ちらし寿司: 큰 용기에 여러 명이 먹을 수 있는 초밥을 한꺼번에 눌러 담고, 그 위에 각종의 조미한 해산물과 김, 달걀 지단 등으로 컬러풀하게 토핑하는 요리다.

해! 그게 제일 간단하고 정확해."라고 딱 잘라 말한다.

만사프 믹스를 듬뿍 털어 넣는다. 일본의 카레루*와 같이 절대 실패하지 않는 맛을 낼 수 있어 편리하다.

치킨에 물을 붓고 끓이는 동안, 옆의 냄비에서 요구르트 소스를 만드는데, 믹서로 갈아서 부드러워진 요구르트에 콘스타치를 조금씩 넣어 가며 가열시킨다. "약불로 천천히 저어야 돼. 절대로 손을 쉬지 말고 계속 젓는 게 중요해!"라고 주의를 주는 마마. 요구르트를 젓는 담당은 나에게 일임한 채, 마마는 넛츠와 파슬리 등의 토핑을 준비하기 시작했다. 그 작업이 궁금해진 내가 잠깐 곁눈질을 하자, "손을 멈추면 안 돼!"라며 따가운 일침이 가해진다.

부엌의 크기는 거실과 비슷할 정도로 넓으나, 집 건물의 제일 구석진 곳에 있어 어두운 편이다. 찬장을 열어 보면 꽤 오래돼 보이는 병에 담긴 스파이스들이 가득하다. 집의 역사가 고스란히 묻어나는 부엌이다.

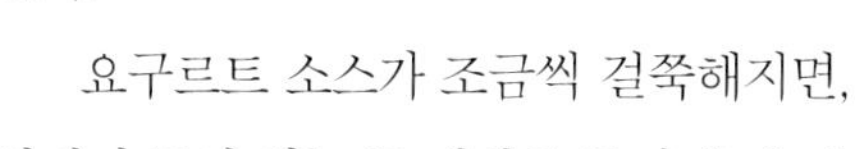

요구르트 소스가 조금씩 걸쭉해지면, 치킨이 들어 있는 큰 냄비를 들어 올려 망설임 없이 국물까지 모조리 소스 냄비에 붓는다! 하얀 소스 냄비 안이 점점 노란색으로 물들어 가는데, 좀처럼 보기 힘든 선명한 크림색이 됐다. 모락모락 올라오는 김의 향기가 약간 시큼하기도 하고, 닭의 구수한 냄새까지 더해져, 도대체 어떤 요리가 완성되는 걸까, 하고 잠시 멍하니 바라보고 있는데, 마마는 옆에서 밥을 지을 준비를 시작했다. 잠깐 딴청을 부리면 어느새 요리는 다음 단계로 척척 진행됐다. "다음은 한동안 끓이기만 하면 돼." 이제야 겨우 한 숨을 돌린다.

"마마는 옛날부터 요리하는 걸 좋아했어요?"

크림색 냄비에서 눈을 떼지 않은 채 묻자,

"그렇지 않아. 결혼 초에는 전혀 요리라고는 할 줄 몰랐고 하려고 하지도 않았어.

* **카레루**: 밀가루를 버터로 볶아 카레가루를 섞은 것으로, 여러 가지 조미료와 향신료가 들어가 카레루 하나면 충분히 복잡한 맛과 향이 나는 카레라이스를 완성할 수 있다.

요르단의 요구르트 자미드는 돌과 같이 딱딱해서 사용하기 전에 부수듯 떼어 내서 하룻밤 물에 담가 둔다.

그 후에도 남편과 둘만 있을 때는 주로 외식을 하곤 했지. 그런데 그런 생활을 꾸려 나가자니 경제적으로 문제가 생기는 거야. 외식하려면 돈이 들잖아. 그래서 요리를 하기 시작했어."

"그럼 마마의 요리는 친정어머니한테 전수받은 게 아니에요?"

"그렇다고 볼 수 있지. 처음에는 책으로 공부했어. 그리고 그 후에는 몇 번 반복해서 하다 보니 나만의 맛과 취향이 생기기 시작하더라고. 처음에는 실패의 연속이었지만, 지금은 요리하는 걸 좋아해."

그러고는 잠시 생각한 뒤,

"좋아한다고 말하기보다는…. 음… 가족들을 먹이지 않으면 안 된다는 사명감이라고나 할까. 세 명의 아이들이 자립해서 우리 부부만 남게 되면, 다시 외식 위주의 생활로 돌아갈지도 모르지. 하하하."

그렇게 말하긴 했지만, 요리를 해서 아파트의 주민들까지 챙길 정도니, 외식 위주의 생활은 아직 한참 시간이 걸릴 듯하다.

'한솥밥'이 아닌 '같은 접시의 밥'을 먹다

이런저런 이야기를 주고받고 있노라니 어느새 밥이 다 됐다. 강황이 들어가서 옅은 노란색으로 물들어 있었다. 치킨도 잘 익은 듯했다. 토핑용으로 사용할 아몬드를 작은 프라이팬에서 볶으면 준비 완료. 드디어 플레이팅이 시작되는데, 이 플레이팅이 볼 만하다. 큰 쟁반(시니엣)에 직경60센티미터 정도 되는 커다란 크레이프처럼 생긴 빵을 깐다. "보통 빵과는 다르지? 쿠브즈Khubz라고 하는 빵으로 사막의 민족 베두인의 전통적인 빵이야."

쿠브즈 위에 밥을 평평히 편 후, 치킨을 얹고, 넛츠와 파슬리로 색감을 살려 토핑을 한다. 그러고는 모처럼 정성껏 완성시킨 토핑 위에 다시 쿠브즈를 덮어 버려서 아무것도 보이지 않게 하는 식이었다. 그 상태로 식탁에 옮겨서, 남은 요

쿠브즈 위에 밥과 치킨을 올린다. 추운 겨울의 싸늘했던 부엌에 하얀 김이 모락모락 올라온다.

정성껏 예쁘게 토핑을 마친 후, 마지막에는 망설임 없이 쿠브즈로 덮어 버린다.

구르트 소스를 냄비째로 옆에 놓았다.

요구르트 소스가 한 사람 한 사람 앞에 세팅되고, 맛있는 냄새가 솔솔 나는 대형 접시가 앞에 놓여 있으니 빨리 먹어 보고 싶은 마음뿐이다.

"이렇게 먹는 거야."라며 막내 하무자는, 자기의 요구르트 소스를 천천히 대형 접시 위의 밥에 직접 뿌려서, 내게 보여 주었다. 묽은 소스가 점점 퍼져 나가자, 스푼으로 밥과 섞어서 큰 접시에서 바로 한입 넣는다. 나도 따라서 소스를 밥에 섞어서 먹어 보았다. "자키(맛있다)!" 요구르트와 밥의 어색한 궁합에 조금 불안했었지만, 시큼하기만 했던 산미는, 스파이스의 풍미, 닭의 기름진 구수함과 잘 어울려, 어느새 가볍고 산뜻한 밀크소스처럼 변신해 있었다. 소스를 뿌려서 먹고 그다음, 또 소스를 뿌려서 먹는다. 처음에는 대형 접시 전체가 질퍽질퍽해질 것 같아 조심조심 먹었는데, 조금 지나니 그런 것쯤 아무래도 상관없이 오로지 먹는 것에만 집중했다. "원래는 손으로 먹는 음식이야. 많은 사람들이 모였을 때 먹는 베두인의 요리거든."

그러고 보니, 아까부터 개인 접시가 보이지 않았다. 여러 사람들과 한솥밥이 아닌, 한 접시의 밥을 '직접' 떠먹는 행위는, 순식간에 친밀감을 유발시키고, 맛에서 오는 기쁨 그 이상의 감정을 느끼게 했다. 베두인족도 이런 식으로 여행자들과 친목을 도모하고, 자신들의 환대의 의미를 전달했을 것이라는 생각이 들었다.

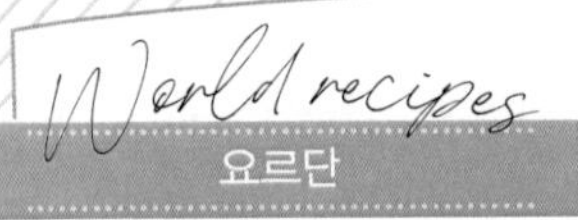

Mansaf

만사프

밥과 요구르트를 같이 먹는다고? 어색하기 짝이 없지만 의외로 궁합이 잘 맞아요! 요구르트 소스에 버무려서 드세요.

재료(4인분)

	재료	분량
	쌀	300g
A	버터	5g
A	소금	약간
A	강황 파우더	1/4 작은술
	닭 다리 살	500g
	양파(깍뚝썰기)	1/2개
	마늘(편 썰기)	1쪽
B	강황 파우더	1작은술
B	카다멈 파우더	1작은술
B	후추	약간
	고형 부용(큐브)	1개
C	요구르트 (무당)	400g
C	박력분	2큰술
C	소금	적량

〈토핑〉

껍질 없는 아몬드, 이탈리안 파슬리 ··· 적당량

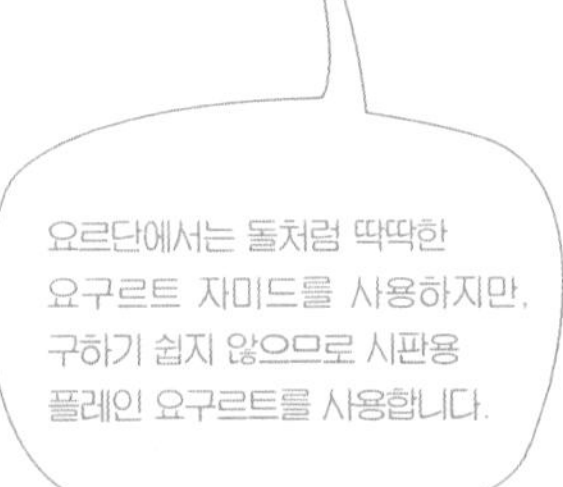

만드는 방법

1 쌀을 씻어 보통 때와 같은 양을 물을 붓고 A를 넣어서 전기밥솥에서 취사한다.

2 닭 다리 살은 먹기 좋은 크기로 자른다.

3 냄비에 기름을 두르고, 닭고기, 양파, 마늘, B를 넣어 볶는다.

4 양파가 투명한 색으로 변하면, 물400밀리리터와 고형 부용을 넣고 20분 정도 끓여 준다.

5 다른 냄비에 요구르트와 박력분을 넣고, 약불에서 밀가루 알갱이가 생기지 않도록 거품기로 잘 저어 준다.

6 4를 채반에 걸러 받아 낸 국물을 5의 냄비에 부어 섞은 후 닭고기도 넣는다.

7 약불에서 10분 정도 끓여서 간을 조절하는데, 소스이기 때문에 소금 간은 조금 간간하게 한다.

8 후파이팬에 기름을 조금 두르고, 넛츠를 볶아서 넛츠의 색과 향을 진하게 한다. 이탈리안파슬리는 잘게 다진다.

9 큰 접시에 밥을 펼쳐 담고, 닭고기를 올려, 넛츠와 파슬리로 토핑한다. 냄비에 남아 있는 요구르트 소스는 따로 용기에 담아낸다. 먹을 때는 소스를 밥에 뿌린 후 비벼서 먹는다.

중동성 있는 심녹색의 수프 모로헤이야Moroheiya

정년퇴직하는 날 만나다

일반 가정의 식탁에서 인기 있는 요리의 대부분은 그다지 보기 좋은 색감이 아닐 때가 많다. 볼품이 없어도 사람들에게 인기가 많은 건 '정말 맛있기 때문'이거나, 특별한 '즐거움'을 주기 때문이다. 요르단의 모로헤이야의 경우에는 이 둘 다에 속한다.

요르단의 지방 도시 제라시Jerash에서 찾아간 곳은, 언덕 위에 사는 명랑하고 쾌활한 일가족이다. 아크라무 씨와 그의 아내 화티마 씨는 둘 다 교육청의 제라시 지방국에서 일하며, 네 명의 아이와 친할아버지를 모시고 산다. 만나기로 한 장소는 둘의 직장 제라시 지방국이었다. 내가 방문한 날은 정년 때까지 장기근속한 아크라무의 마지막 출근 바로 전날이었다. 사무실에는 퇴직축하 꽃다발이 보였다.

시계를 힐끔힐끔 보더니 낮 1시가 되자, "이제 슬슬 집으로 갑시다."라고 한다. 정해진 퇴근 시간까지는 아직 한 시간이나 더 남았는데, 나를 위해서 일부러 빨리 끝낸 건 아닌지 모르겠다.

아크라무와 집에 돌아가 보니, 부인 화티마는 우리보다 한 걸음 앞서 일을 마치고 와서 점심 식사 준비를 하고 있다. 요르단에서는 저녁 4~6시경의 점심

모든 요리는 큰 접시에 담아낸다. 각자가 먹고 싶은 양만큼을 알아서 덜어 먹는데, 모로헤이야에는 쉴 새 없이 사람들의 손이 뻗힌다.

식사가, 하루 세 번의 식사 중 가장 메인이다. "환영해요. 어서 와요!"라며 오래된 친구처럼 거리낌 없이 나를 맞이해 준다. 화티마가 준비해 준 요리는 '다와리'라고 하는 포도잎에 쌀과 고기를 싸서 익힌 롤캬베츠와 같은 요리다. 중동과 동유럽에 걸쳐 널리 친숙하며, 손이 많이 가는 요리를 준비해서 환영의 뜻을 전하는 요리이기도 하다.

식사를 끝내고 여덟 살 된 딸아이 마얄과 놀고 있는데, "내일은 어떤 요리를 배우고 싶어?"라고 묻는다. "글쎄…. 마얄이 좋아하는 요리는 뭐야?" 곤란할 때는 아이들에게 묻는 게 최고인 법. 그러자, "다와리하고… 모로헤이야!"라는 명랑하고 힘찬 대답이 돌아왔다. "모로헤이야? 모로헤이야로 뭘 만드는데?"라고 묻자, "모로헤이야는 요리 이름이야."라고 한다. "마얄이 모로헤이야를 아주 좋아해. 다른 식구들도 물론 좋아하고."라는 화티마. 끈적끈적한 점액질의 야채 모로헤이야는 알고 있지만, 그걸 어떻게 먹는 걸까?

언덕 위의 집에서 제라시의 시가지를 바라다보면, 흰색 건물이 많이 눈에 띄는데, 이 근방의 지층은 주로 석회암이 많다고 한다.

맛의 비결은…

중동의 부엌을 탐험하면서 놀란 것 중의 하나는, 여러 종류의 복잡한 스파이스의 배합으로 만들어지는 줄로만 알았던 중동의 가정 요리가 의외로 스파이스 믹스와 마끼부용으로 만들어 진다는 것이다. 하나하나 손수 배합해서 사용하는 줄 알고 좀 실망스러웠는데, 일본의 카레루와도 같다고 생각하니 이해가 된다. 대중적으로 인기있는 맛이란 '누구든지 실패 없이 만들 수 있어야 한다'는 것이 관건인지도 모르겠다.

"나도 한 번 만들어 보고 싶어!"라고 해서 메뉴가 결정됐다.

마얄과 모로헤이야 만들기

다음 날 화티마는 퇴근 후, 집에 도착하자마자 부엌으로 직행했다. 마얄도 방긋방긋 웃으며 부엌에 들어선다. 모로헤이야 만들기는 꽁꽁 언 닭 한 마리를 해동시키는 일부터 시작됐다. "화티마, 모로헤이야는 어디 있어?"라고 물으니, 잘게 썰어서 "냉동실에 보관해. 마얄이 좋아해서 언제든지 만들어 먹을 수 있도록 비축해 놓고 있거든."이라며 꽁꽁 언 모로헤이야가 들어 있는 사각의 비닐봉지를 보여 주었다. 마얄은 부엌의 한쪽 구석에서 미소를 머금은, 약간 들뜬 듯한 얼굴로 이쪽을 바라보고 있다.

닭을 통째로 물에 씻어서 껍질을 벗기고 레몬과 식초로 꼼꼼하게 닦아 냈다. 냄비에 굵게 다진양파와 함께 큼직하게 자른 닭을 볶는데, 조미료는 소금과 커민 등의 스파이스를 사용하며, 여기에도 마끼부용이 빠지지 않았다. 그다음은 물을 넣어 닭을 푹 끓인다. 맛있는 냄새가 나기 시작하는데, 그래도 모로헤이야의 출연은 아직 때가 아닌 모양이다. 요르단에서는 밥 대신 빵을 먹을 때가 많았는데, 화티마는 "모로헤이야에는 밥이 필수야."라며 밥 지을 준비를 시작했다. 그러나 꺼낸 것은 쌀이 아니라 파스타. 쉐리야she'reya라고 불리는 파스타로 머리카락처럼 가늘고 길이는 짧은 타입으로, 중동의 부엌에서 자주 사용된다. 넉넉히 기름을 두르고 쉐리야를 볶은 뒤 쌀과 함께 취사한다. 탄수화물에 탄수화물을 더하는 조합은 나에게는 조금 생소했지만, "모로헤이야를 만들 때는 보통의 쌀이 아닌 쉐리아를 넣어 밥을 지어야 돼."라는 걸 보니 정해진 패턴인 듯했다. 냉동시킨 모로헤이야는 꽁꽁 언 채로 냄비에 넣었다. 그리고 거기에 치킨수프를 체에 걸러 가며 부어 준다. 뜨끈뜨끈한 국물로 모로헤이야의 덩어리가 조금씩 녹아내렸다. 와! 굿 아이디어이네. 합리적이야. 따로 해동시킬 필요가 없잖아. 남은 닭은 시니엣(깊이가 있는 원형의 금속 쟁반)에 가지런히 올려서, 스파이스, 레몬즙, 기름을 발라 오븐에 넣는다. "보통은 치킨과 모로헤이야를 같이 익히는데 우리 집은 남편이 싫어해서 따로 굽고 있어. 이렇게 하는 편이 껍질이 바삭한 게 더 맛있거든!"

슈퍼의 진열대를 잘게 잘라 건조시킨 모로헤이야가 가득 채우고 있다. 일본에서도 생모로헤이야는 볼 수 있지만, 건조해서 판매하는 것을 찾아보기란 힘들다.

한편, 시니엣은 중동이나 아프리카의 여러 나라에서 자주 만나게 된다. 근본은 같은데, 사용하는 지역에 따라 접시로 쓰이기도 하고 조리용 기구로 쓰이기도 한다. 용도와 생긴 게 달라서 조금 혼란스럽기도 하지만, 그래서 또한 재미있기도 하다. 그 지역의 각각의 삶 속에서, '필요에 의해 부엌의 도구가 태어나기도 하고 변모하기도 한다'고 생각하니, 도구 하나하나가 의미 있게 보였다.

아까부터 계속 마얄은 엄마가 부탁하면 냉장고에서 물건을 꺼내 오기도 하고, 마늘을 빻기도 하며, 부지런히 부엌일을 돕고 있다. 먼 거리도 아닌데 총총 걸음으로 뛰어다니면서 즐거워하는 모습이다. 내가 냉장고 안에 갇힌 척을 하며 장난을 걸자, 바로 장난에 맞장구를 쳐 주었다. 부엌이 잠시 마얄과 나의 놀이터가 되고 만다.

닭에서 고소한 냄새가 올라오고 어느새 다 구워졌다. 마얄이 빻아 준 마늘을 화티마가 기름에 볶아 갈릭 오일을 만들어 심녹색 모로헤이야 냄비에 좌르륵 부으면 요리가 완성. 맛있게 구워진 치킨향과, 갈릭 오일의 식욕을 자극하는 향이 더해져 부엌에서 나는 냄새가 절정을 이룬다. 냄새에 자극을 받았는지 부엌일은 절대 거들지 않는다는 아들이 이어폰을 낀 채로 방에서 나왔다.

부엌일을 돕는 마얄. 오늘의 임무는 검게 구운 가지의 속을 스푼으로 파내서 샐러드를 만드는 일.

쉐리아가 들어간 밥은 좀 특별하다. 짭쪼름하면서도 기름지고 고소해서 자꾸 손이 간다.

가족들에게 사랑받는 모로헤이야 요리

쉐리아(파스타)가 들어간 밥을 대형 접시에 담고, 치킨은 오븐에서 꺼낸 금속 쟁반 채로 식탁으로 옮겨졌다. 모로헤이야도 한 사람씩 나누어 담지 않고 대담하게 큰 접시에 한 번에 담아낸다.

"비스밀라(잘 먹겠습니다)!"

모두가 차례로 모로헤이야에 손을 뻗었다.

"음, 바로 이 맛이야! "

차남이 최고라는 듯 웃어 보이고, 마얄은 아무 말 없이 리필해 먹는다. 모두를 흉내 내어 밥을 접시 담고, 심녹색의 모로헤이야를 걸쭉하게 뿌려서 스푼과 포크로 버무렸다.

"너무 맛있잖아! 입에 계속 들어가네!"

닭 육수가 우러난 국물에 톡 쏘는 마늘 향의 파워가 느껴지는 모로헤이야는, 일본의 오히타시*로 먹는 산뜻한 맛과는 전혀 별개의 것으로, 기름 맛과 짠맛이 느껴지는 쉐리아 밥과 찰떡궁합이었다. 밥에 버무려서 먹는 스타일이나, 보기에 썩 예뻐 보이지 않는 외관이 마치 카레라이스와도 흡사하다. 이 요리를 번역하면 '모로헤이야 수프'지만, 원래의 이름은 수프가 붙지 않은 '모로헤이야'라고 불린다. 수프의 일종으로서가 아니라, '모로헤이야'는 어디까지나 '모로헤이야'인 것

* **오히타시**お浸し : 야채를 삶아서 꼭 짜서 물기를 뺀 후, 데지루(다시마와 가쓰오부시를 우려낸 육수)나 간장으로 맛을 내는 요리로 한국의 나물 무침과 같이 친숙한 조리법이다.

세 명의 아들들도 모로헤이야는 특별히 좋아하는 메뉴다. 밥, 다음에 모로헤이야, 그리고 또, 밥, 다음에 모로헤이야…. 끝없이 반복된다.

이다.

아크라무는 고소하게 구워진 치킨을 행복한 표정으로 열심히 먹고 있다. "더 먹어."라고 말은 하면서도 자기가 먹느라 정신없다. 이렇게 해서 그 큰 대형 접시의 모로헤이야가 모두의 위 속으로 빨려 들어가듯 흡수된다.

모로헤이야는 아랍어다. 이집트 부근이 원산지로 알려져 있으며, 중동 지역에서도 오래전부터 먹어 왔던 야채다. 영어를 할 수 없는 마얄과 내가 제일 많이 주고받은 단어는 "모로헤이야!"였다. 심녹색의 점액 성분이 있는 요리를 나누어 먹으며 "모로헤이야—"라는 아랍어와도 통하고 일본어와도 통하는 단어 하나로 우리는 의사소통하면서 서로의 기분을 고조시켰다. 그렇게 마얄과 같이 부엌에서 시간을 보내니, 마얄이 친동생처럼 더없이 귀엽게 느껴지기 시작했다.

일본에 돌아온 후, 제철인 여름을 기다려 모로헤이야를 만들었다. 친구와 같이 먹고 있는데, 마얄의 얼굴이 눈에 아른아른해 온다.

세계에는 수많은 사람들의 삶이 존재한다. 각자의 생활을 하다 보면 서로가 만날 일이 없는 먼 나라의 사람들과도 이렇게 '식'을 함께하는 행복감으로 마음을 나누고, 그 이후에도 '식'의 기억으로 연결돼 있다는 것은 인생을 풍요롭게 해주는 값진 경험일 것이다. 식탁에서의 행복감은 시간도, 그리고 공간도 초월할 수 있다고 믿는다.

Moroheiya

모로헤이야

마늘 향이 진하게 살아 있어 식욕을 땡기는 요리.
밥과 같이 먹으면 지금까지 경험해 보지 못했던 모로헤이야의 세계를 즐기실 수 있어요.

닭고기를 굽는 것이 귀찮을 경우, 수프에 넣어서 같이 끓여도 OK. A의 재료들중, 스파이스를 넣지 않고, 소금과 후추만 넣을 때도 있다고 하네요.

재료(2인분)

모로헤이야		120g
양파(다진 것)		1/2개
마늘(다진 것)		1쪽
닭 다리 살		250g
식용유		1큰술
A	소금, 후추	약간
	시나몬파우더 (생략 가능)	1/2작은술
	커민파우더 (생략 가능)	1작은술
고형 부용(큐브)		1개
B	마늘 (다진 것)	1쪽
	올리브오일	1큰술
레몬		2조각
밥		2공기

만드는 방법

1 모로헤이야는 잎사귀만을 따서 칼이나 믹서로 잘게 자른다. 닭고기는 약간 큰 한입 크기로 자른다.

2 냄비에 기름을 두르고, 닭고기의 껍질 부위부터 먼저 구워 준다. 그리고 양파, 마늘과 A를 넣어 볶아 준다.

3 양파가 익어서 투명해지면, 물300밀리리터와 고형 부용을 넣은 후, 20분 정도 더 끓인다.

4 다른 냄비에 모로헤이야를 넣고, 3을 체로 걸러 국물만 냄비에 넣어서 20분 정도 약불로 끓인다. 이때 수프의 물이 부족하다고 느껴지면 더해 준다.

5 닭고기는 A와 똑같은 조미료를 추가로 넣어서 버무린 후, 오븐 토스트나 생선 그릴 등으로 겉을 바삭하게 구워 준다.

6 프라이팬에 B를 넣고, 약불에서 향을 낸다. 뜨거운 기름을 4에 붓은 후 저어서 한 소끔 끓인다. 접시에 밥, 모로헤이야, 치킨을 플레이팅 한다. 먹을 때는 기호에 따라 레몬즙을 첨가해도 좋다.

넛츠, 과일, 올리브…
이 지역 특유의 식재료가 넘쳐나요

아프리카·중동의 시장

우리들에게는 좀 생소한 지역이지만, 식재료는 친숙한 것들이 가득해요.
활기 있는 시장과 그곳에서 팔고 있는 식재료를 구경해 보세요.

수단 시장

특산물인 피넛츠가 수북이 쌓여 있답니다!

수도 하르툼은 사막 기후로, 우기에도 며칠밖에 비가 내리지 않아요. 그래서 시장에는 지붕이 없답니다. 야채와 고기도 팔기는 하지만, 건조물 판매하는 곳에 가면 특산물인 피넛츠와 스파이스가 산처럼 쌓여 있어요.

병아리콩 고로케 타메이아는 금방 튀긴 것을 그 자리에서 빵에 끼워 먹으면 기가 막히게 맛있답니다.

(위) 가게 아가씨의 환히 웃는 얼굴에 보는 사람까지 기분이 밝아지네요.
(왼쪽) 선명한 색상의 피넛츠 과자들.

케냐 시장

파는 방법도 대담한 유쾌한 시장!

트럭으로 운반된 야채들은 바닥에 한 번에 쫙 펼쳐 진답니다. 토마토, 감자, 겉잎사귀가 고스란히 달린 양배추. 어린아이의 얼굴만 한 아보카도가 때로는 한 개에 50원! 달고 크리미한 맛이 인상적이더군요.

수레 좌판대의 망고 가게. 손님이 잘 익어서 맛있어 보이는 망고를 골라 주인에게 건네면, 껍질을 까고 먹기 좋은 크기로 잘라 봉지에 담아 줘요. 적도 근방의 나라에서만의 특별한 간식.

며칠 먹을 분량의 토마토를 살 때는 숙성 기간을 고려해 딱딱한 것과 물렁한 것을 섞어서 구입해요.

이스라엘 시장

세계 각국의 미각과 중동의 식재료가 모이는 곳

유럽풍의 하드 계열 빵이나 미국에서 발달한 웰빙의 식재료 등, 세계 각지에 흩어져 살던 유대인들이 모인 나라이기에, 여기가 뉴욕인지 싱가포르인지 알 수 없을 정도의 다양한 식재료를 접할 수 있어요.

(위) 넛츠와 건조시킨 과일
(오른쪽) 다양한 색감의 스파이스
(왼쪽) 도넛츠 모양의 과자는 살짝 스파이스맛이 느껴지네요.

요르단 시장

볼 것이 많아 이것저것 구경하다 보면 길을 잃을 수도 있어요!

"이건 뭐예요?"라며 식재료를 가리키면, 웃으면서 "먹어 봐." 하며 건네주는 경우가 많답니다. 지붕이 달린 시장은 미로처럼 구불구불해서, 정신 없이 구경하다 보면 출구를 잃어버리기 십상이에요.

(위) 양 옆에는 좁은 길이 여러갈래로 갈라져요.
(왼쪽) 올리브는 집에서 소금으로 절임을 만드는 경우가 많아서 생으로 판매되고 있어요.
(중앙) 얇은 반죽에 스파이스 믹스 자타르 Za'atar를 뿌려서 가마에서 갓 구워 낸 빵. 그 풍미가 각별하답니다.
(오른쪽) 건조시킨 과일과 스파이스는 모두 건조물에 속하기 때문에 같이 판매되고 있어요.

Column

마지막 디저트는 파스타

좋아하는 파스타 종류는 뭐예요? 미트 소스, 까르보나라, 명란젓…? 그럼, 파스타로 만든 디저트는? 처음으로 스위티한 파스타, '파스타의 우유조림' 을 수단에서 맛보았다. 아랍어로는 쉐리야she'reya, 영어로는 버미셀리vermicelli라고 불리며, 머리카락처럼 가늘고 길이가 짧은 파스타를, 듬뿍 부은 기름에 볶은 후 밀크와 설탕을 넣고 조리면 탱글탱글한 디저트가 완성된다. 수단에서 방문한 가정에서는 대략 10분 정도면 밤참용으로 뚝딱 만들어 냈다.

그 후, 세계 각지의 가정에서 여러 종류의 비슷한 파스타의 밀크조림을 만날 수 있었으며, 서아시아에서부터 북아프리카에 걸쳐 널리 사랑받는 음식이라는 것을 알게 되었다. 이제 더 이상 단맛의 파스타에는 놀라지 않는다.

다른 가정에서는 '파스타를 사용한 단맛의 피자' 를 만들었다. 스쿠스카니야suksukaniya라고 불리는 진주 같은 작은 알갱이 파스타를 기(정제버터)로 볶아서 설탕을 넣고 조린 후, 둥근 쟁반에 펼쳐 담는다. 그 위에 바르는 것은 토마토 소스가 아니라 선명한 핑크색의 파파야 잼, 치즈 대신 뿌리는 것은 코코넛화인이다. "디저트 만드는 데 시간을 너무 많이 써 버렸어!" 라며 식사 전에 냉동고에 밀어넣으면, 식사 후에는 굳어져서 자르기 편하게 된다. 상상대로 달지만, 오븐을 사용하지 않고도 이렇게 금방 '디저트 피자' 가 완성된다는 게 신선하고 재미있다.

중동과 아프리카 지역에서는 식후의 디저트와 야식에 단 음식들이 빠지지 않는다. 보존이 용이해서 집에 항상 비축해 두는 파스타로 순식간에 간식을 만들어 낼 수 있는 건 아주 편리한 방법. 그들의 생활의 지혜에 감탄하게 된다. 제과점 쇼케이스에 진열된 손이 많이 간 케이크처럼 화려하지는 않지만, 왠지 안심감을 주는 일반 가정의 간식이다.

책의 발행에 즈음하여, 지금까지 방문했던 곳의 여러분들에게 오랜만에 연락을 했습니다. 이 책의 원고를 쓰고 있는 2020년 11월 현재, 신종 코로나 바이러스의 영향으로 세계의 각국의 사람들이 생활에 많은 변화를 겪고 있습니다. 저와 같이 요리를 만들었던 사람들도 록다운으로 반년 이상 학교에 가지 못하거나, 일자리를 빼앗겼거나, 희망이 좌절되는 등, 힘들고 어려운 이야기들이 많이 들려옵니다.

그러한 이야기를 들으면 마음이 아파 오지만, 녹록지 않은 생활을 꾸리고 있으면서도, 해맑게 "또 언제 올 꺼야? 이번에는 다른 요리를 가르쳐 줄게!"라고 합니다. 같은 밥솥의 밥을 먹은 경험을 통해서, 소중한 인연이 된 사람들의 곁에, 그냥 배낭 하나에 선물용 과자를 잔뜩 넣어서, 한 사람의 친구로서, 그들에게 날아가고픈 마음이 듭니다.

이 세계에는 많은 사람들의 다양한 삶이 존재하며, 누구나 무언가 먹으며 살아가고 있습니다.

그 음식을 만들어 내는 부엌에 매료되어 시작하게 된 나의 '부엌 탐험!' 어느 나라건 어떠한 환경에 놓인 사람들이건 단 한마디 "맛있어요!"라는 마음에서 우러나온 말에, 서로의 마음이 통하는 심플한 행복감을 깨달았습니다. "맛있어요!"라는 말만큼은 절대로 현지어를 익혀 사용하고 있습니다. 포장되지 않은 진심 어린 말 한마디는, 때로는 '고맙습니다'라는 말보다도 오랫동안 마음과 마음을 연결해 줍니다. 방문을 거듭할수록, 일상의 '식'에서, 현지의 실상과 사회적인 배경이 엿보이는 부엌의 역할에까지 더욱 흥미가 깊어졌습니다. 그리고, '부엌은 그 사회를 들여다볼 수 있는 창'과도 같다는 확신이 생겼습니다.

최근에는 전국의 초중고에서 객원 강사로 수업을 맡는 기회가 많아졌습니다. 학생들과 같이 요리를 하면서, 세계 각지의 생활이나 사회적 과제 등에 대한 이야기를 합니다. 일상의 '식'을 통해서, 문화와 환경의 차이를 넘어, 서로가 서로를 이해하고 받아들일 수 있는 '작은 한 걸음'에 대해 깊이 생각하고 있습니다.

이 책을 집필하는 과정에서 정말로 많은 분들의 도움을 받았습니다. 모든 분들의 이름을 열거할 수는 없으나, '부엌 탐험'을 흔쾌히 승낙해 주신 현지의 여러분, 멋진 만남을 연결해 주신 지인들, 딸이 어떠한 오지를 향하더라도 항상, "조심해서 다녀와."라고, 당신들의 걱정을 뒤로한 채(반은 체념한 채), 회사에 출근하는 딸처럼 배웅해 주신 부모님.

그리고, 이 책을 손에 들어서 읽어 주신 바로 당신. 끝까지 함께해 주셔서 감사합니다. 이 책을 통해서, 이 세계가 조금이라도 가깝게 느껴진다면 기쁘겠습니다.

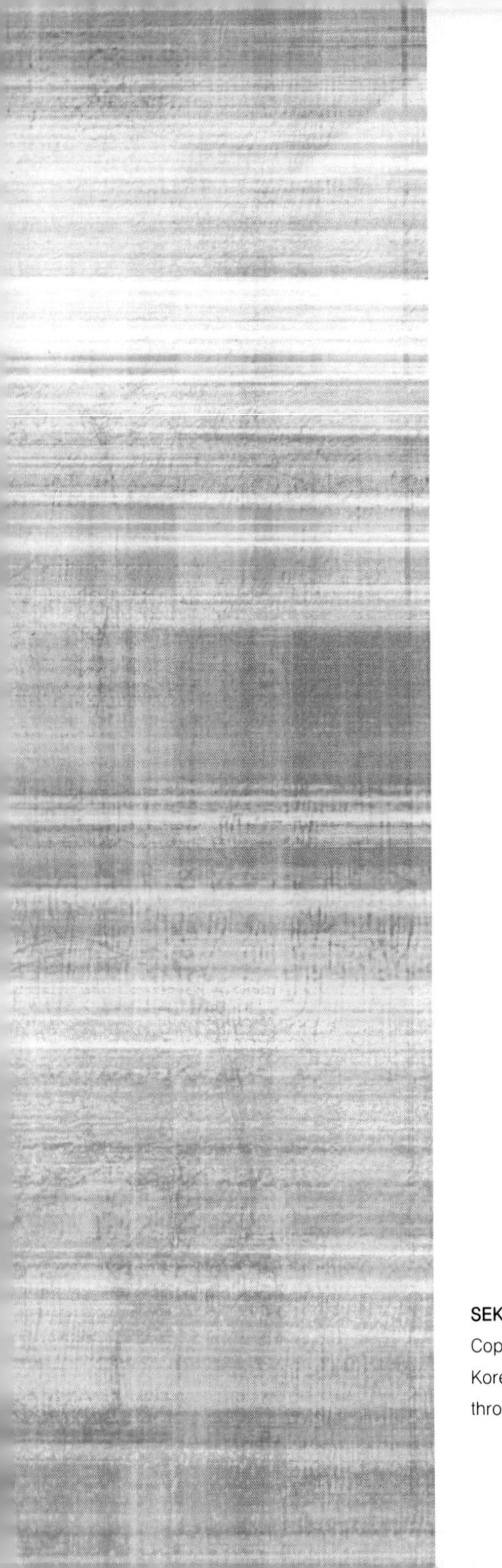